"十四五"高等职业教育计算机类专业新形态一体化系列教材

网页制作案例教程

吕红飞　申圣兵　周兴旺◎主　编
刘家乐　茹兴旺◎副主编

中国铁道出版社有限公司
CHINA RAILWAY PUBLISHING HOUSE CO., LTD.

内容简介

本书依据高职院校计算机及相关专业在网页设计能力培养方面的具体要求，逐步培养高职学生的操作能力、应用能力、创新能力，采用项目式教学。本书共七个项目，分别是网页制作基础，初识HTML5，CSS3网页美化，网页界面布局设计，列表、表格及表单，JavaScript网页特效，HTML5+CSS3高级应用。本书提供了丰富的案例，讲解由浅入深，方便读者自学。

本书适合作为高职院校网页制作课程的教材，也可作为网页制作爱好者的参考书。

图书在版编目（CIP）数据

网页制作案例教程/吕红飞，申圣兵，周兴旺主编.—北京：中国铁道出版社有限公司，2023.11

"十四五"高等职业教育计算机类专业新形态一体化系列教材

ISBN 978-7-113-30382-2

Ⅰ.①网… Ⅱ.①吕… ②申… ③周… Ⅲ.①网页制作工具-高等职业教育-教材 Ⅳ.①TP393.092.2

中国国家版本馆CIP数据核字(2023)第130313号

书　　名：网页制作案例教程	
作　　者：吕红飞　申圣兵　周兴旺	
策　　划：刘梦珂　祁　云	编辑部电话：（010）63549458
责任编辑：祁　云　李学敏	
封面制作：刘　颖	
责任校对：刘　畅	
责任印制：樊启鹏	

出版发行：中国铁道出版社有限公司（100054，北京市西城区右安门西街8号）
网　　址：http://www.tdpress.com/51eds/

印　　刷：河北京平诚乾印刷有限公司

版　　次：2023年11月第1版　2023年11月第1次印刷
开　　本：850 mm×1 168 mm　1/16　印张：9.25　字数：227千
书　　号：ISBN 978-7-113-30382-2
定　　价：29.80元

版权所有　侵权必究

凡购买铁道版图书，如有印制质量问题，请与本社教材图书营销部联系调换。电话：（010）63550836

打击盗版举报电话：（010）63549461

前 言

党的二十大报告指出，"教育、科技、人才是全面建设社会主义现代化国家的基础性、战略性支撑"，在"实施科教兴国战略，强化现代化建设人才支撑"部分强调"为党育人、为国育才"。中国特色社会主义教育事业，就是要全面贯彻党的教育方针，落实立德树人根本任务，培养德智体美劳全面发展的社会主义建设者和接班人。

随着网络技术及互联网的发展与进步，网页制作技术也在不断更新。HTML产生于1990年，1997年HTML4成为互联网标准，并广泛应用于互联网应用的开发。HTML5是构建Web内容的一种新语言描述方式，是互联网的下一代标准，是构建以及呈现互联网内容的一种语言方式，是互联网的核心技术之一。HTML5+CSS3是目前网页制作的普遍选择。

本书依据高职院校计算机及相关专业在网页设计能力培养方面的具体要求，逐步培养高职学生的操作能力、应用能力、创新能力，采用项目式教学。

本书共七个项目，包括网页制作基础，初识HTML5，CSS3网页美化，网页界面布局设计，列表、表格及表单，JavaScript网页特效，HTML5+CSS3高级应用。

本书每个知识点都配有多个案例讲解，以加深读者对知识点的理解与掌握；重点知识还配备了重点案例及具体操作步骤。本书速配有二维码，读者可扫描获取相关内容。

本书由吕红飞、申圣兵、周兴旺任主编，刘家乐和茹兴旺任副主编，何海燕、张亚娟、曾嵘娟、匡成宝、黄晓乾、陈杨柳及黄蓉参与编写。其中，项目一由吕红飞、何海燕编写；项目二由吕红飞、张亚娟编写；项目三由茹兴旺、曾嵘娟编写；项目四由周兴旺、黄蓉编写；项目五由申圣兵、匡成宝编写；项目六由刘家乐、陈杨柳编写；项目七由申圣兵、黄晓乾编写。

由于编者水平有限，书中难免存在不足之处，敬请各位同行和广大读者批评指正，以帮助我们不断完善和改进。

编　者
2023年8月

目 录

项目一 网页制作基础 1

任务1 Web 基本概念 2
知识储备 2
1. 认识网页 2
2. 相关名词概念 3

任务2 网页制作入门 4
知识储备 4
1. HTML 的发展 4
2. CSS 简介 5
3. JavaScript 7
4. 浏览器 8

任务3 网页制作工具 9
知识储备 9
项目总结 14

项目二 初识 HTML5 15

任务1 HTML5 概述 16
知识储备 16
1. HTML 文档基本格式 16
2. HTML5 语法 17

任务2 HTML5 文本控制标记 18
知识储备 18
1. 标题和段落标记 18
2. 文本格式化标记 19
3. 特殊字符标记 20

任务3 HTML5 图像标记 20
知识储备 20
1. 常用图像格式 20
2. 图像标识 21
项目总结 24

项目三 CSS3 网页美化 25

任务1 CSS 基础 26
知识储备 26
1. CSS 样式规则 26
2. 引入 CSS 27
3. CSS 基础选择器 28

任务2 CSS 控制文本样式 32
知识储备 32
1. CSS 字体样式属性 32
2. CSS 文本外观属性 34

任务3 CSS 高级特性 35
知识储备 36
1. CSS 复合选择器 36
2. CSS 层叠性与继承性 36
3. CSS 优先级 36
项目总结 37

项目四 网页界面布局设计 38

任务1 PS 网页界面设计概念 39
知识储备 39
1. 网页界面布局 39
2. PS 网页设计 42

任务2 湖南高铁职院首页 PS 界面设计 44
知识储备 45
1. 色彩搭配 45
2. 布局设计 45
3. 内容清晰 45
4. banner 广告 45
项目总结 72

项目五　列表、表格及表单 73

任务 1　列表标记及应用 74
知识储备 74
1. 无序列表 74
2. 有序列表 74
3. 自定义列表 75

任务 2　表格标记及应用 76
知识储备 77
1. HTML 表格 77
2. HTML 表格边框属性 77
3. HTML 表格表头 78
4. HTML 表格标签 79

任务 3　表单标记及应用 84
知识储备 84
1. HTML 表单概述 84
2. 表单实例 85
3. HTML 表单输入元素 85
4. 综合表单实例 87

项目总结 92

项目六　JavaScript 网页特效 93

任务 1　动态改变页面背景颜色 94
知识储备 94
1. JavaScript 概述 94
2. 在网页中调用 JavaScript 95

任务 2　登录页面验证功能 98
知识储备 99
1. JavaScript 语法 99
2. JavaScript 变量、数据类型、数组、表达式和运算符 99
3. JavaScript 的函数 101
4. JavaScript 对象 102
5. JavaScript 语句 106
6. JavaScript 的触发事件 108

项目总结 111

项目七　HTML5 + CSS3 高级应用 112

任务　在线购物网站的制作 113
知识储备 113
1. 在线购物网站网页组成的特点 113
2. 在线购物网站的设计 113

项目总结 140

项目一
网页制作基础

本项目主要介绍网页制作的基础知识，主要包括网站及网页中的相关基本概念，HTML、CSS及JavaScript的概念及发展历史，Dreamweaver工具的安装与基本使用操作，重点学习使用Dreamweaver工具创建本地站点。

知识目标

- 了解Web的相关基本概念。
- 了解HTML、CSS及JavaScript的发展历史。

能力目标

- 掌握Dreamweaver工具的安装。
- 掌握Dreamweaver工具的基本操作。
- 掌握使用Dreamweaver工具创建本地站点。

素质目标

- 培养学生勤奋学习的态度。
- 培养学生的逻辑思维能力及实训操作能力。
- 培养学生的自学能力。

任务1　Web基本概念

课前导学

随着互联网技术的不断发展与普及，企业现场对宣传网站越来越重视，对网站开发人员需求量也不断增加。在学习本任务之前，读者首先需要了解一些互联网技术相关的知识，这样有助于快速学习后面的项目的内容。本任务将对网页相关概念、工具进行介绍。

知识储备

1. 认识网页

网页，其实大家并不陌生，平时上网浏览新闻、查询资料、查看图片等都是在浏览网页。

为了读者更好地了解与认识网页，我们首先来看一下如何进入新浪网的官方网站。打开浏览器，在地址栏输入新浪网的网址，按【Enter】键，这时浏览器中显示的页面即为新浪网的官方网站的首页，如图1-1所示。

图1-1　新浪网首页

从图1-1中可以看到，网页主要由文字、图像及超链接等元素组成，也可以通过浏览器工具菜单里的查看源代码功能查看该网页的HTML代码，如图1-2所示。

图1-2　新浪网首页源代码

2. 相关名词概念

（1）WWW

WWW（world wide web）即全球广域网，也称为万维网，它是一种基于超文本和HTTP的、全球性的、动态交互的、跨平台的分布式图形信息系统。它是建立在Internet上的一种网络服务，为浏览者在Internet上查找和浏览信息提供了图形化的、易于访问的直观界面，其中的文档及超级链接将Internet上的信息节点组成一个互为关联的网状结构。

（2）网站

网站即Website，是指在因特网上根据一定的规则，使用HTML（标准通用标记语言）等工具制作的用于展示特定内容相关网页的集合。简单地说，网站是一种沟通工具，人们可以通过网站来发布自己想要公开的资讯，或者利用网站来提供相关的网络服务。人们可以通过网页浏览器来访问网站，获取自己需要的资讯或者享受网络服务。

网站是在互联网上拥有域名或地址并提供一定网络服务的主机，是存储文件的空间，以服务器为载体。人们可通过浏览器等进行访问、查找文件，也可通过远程文件传输（FTP）方式上传、下载网站文件。

（3）IP地址

IP地址（internet protocol address）是指互联网协议地址，又译为网际协议地址。

IP地址是IP协议提供的一种统一的地址格式，它为互联网上的每一个网络和每一台主机分配一个逻辑地址，以此来屏蔽物理地址的差异。由于有这种唯一的地址，才保证了用户在连网的计算机上操作时，能够高效而且方便地从千千万万台计算机中选出自己所需的对象来。

IP地址就像是我们的家庭住址一样，如果你要写信给一个人，你就要知道他（她）的地址，这样邮递员才能把信送到。计算机发送信息就好比是邮递员，它必须知道唯一的"家庭地址"才不至于把信送错人家。只不过我们的地址是用文字来表示的，计算机的地址用二进制数字表示。

IP地址是一个32位的二进制数，通常被分割为四个"8位二进制数"（4个字节）。IP地址通常用

"点分十进制"表示成（a.b.c.d）的形式，其中，a、b、c、d都是0～255之间的十进制整数。例如，点分十进制IP地址（100.4.5.6），实际上是32位二进制数（01100100.00000100.00000101.00000110）。

（4）DNS

域名系统（domain name system，DNS）是Internet上解决网上机器命名的一种系统。Internet上一台主机要访问另外一台主机时，必须首先获知其地址，TCP/IP中的IP地址是由四段以"."分开的数字组成（此处以IPv4的地址为例，IPv6的地址同理），记起来总是不如名字那么方便，所以，就采用了域名系统来管理名字和IP的对应关系。

虽然因特网上的节点都可以用IP地址标识，并且可以通过IP地址被访问，但即使是将32位的二进制IP地址写成四个0～255的十位数形式，也依然太长、太难记。因此，人们发明了域名（domain name），域名可将一个IP地址关联到一组有意义的字符上去。用户访问一个网站的时候，既可以输入该网站的IP地址，也可以输入其域名，对访问而言，两者是等价的。例如，微软公司的Web服务器的IP地址是207.46.230.229，其对应的域名是www.microsoft.com，不管用户在浏览器中输入的是207.46.230.229还是www.microsoft.com，都可以访问其Web网站。

一个公司的Web网站可看作是它在网上的门户，而域名就相当于其门牌地址，通常域名都使用该公司的名称或简称。

当人们要访问一个公司的Web网站，又不知道其确切域名的时候，也总会首先输入其公司名称。但是，由一个公司的名称或简称构成的域名，也有可能会被其他公司或个人抢注。甚至还有一些公司或个人恶意抢注了大量由知名公司的名称构成的域名，然后再高价转卖给这些公司，以此牟利。已经有一些域名注册纠纷的仲裁措施，但要从源头上控制这类现象，还需要有一套完整的限制机制。所以，尽早注册由自己名称构成的域名应当是任何一个公司或机构，特别是那些著名企业必须重视的事情。有的公司已经对由自己著名品牌构成的域名进行了保护性注册。

任务2　网页制作入门

课前导学

网页制作的基本应用技术包括HTML、CSS及JavaScript，也是本书学习的重点，要想学好如何制作网站，首先要对它们有一个整体的认识。接下来学习HTML、CSS及JavaScript的相关概念及发展历史。

知识储备

1. HTML的发展

HTML（hyper text markup language，超文本标记语言），它包括一系列标签，通过这些标签可以将网络上的文档格式统一，使分散的Internet资源连接为一个逻辑整体。HTML文本是由HTML命令组成的描述性文本，HTML命令可以说明文字、图形、动画、声音、表格、链接等。

超文本是一种组织信息的方式，它通过超级链接方法将文本中的文字、图表与其他信息媒体相关联。这些相互关联的信息媒体可能在同一文本中，也可能是其他文件，或是地理位置相距遥远的某台计算机上的文件。这种组织信息方式将分布在不同位置的信息资源用随机方式进行连接，为人们查找、检索信息提供方便。

HTML是用来标记Web信息如何展示以及其他特性的一种语法规则，它最初于1989年由CERN的Tim Berners-Lee发明。HTML基于更古老一些的语言SGML定义，并简化了其中的语言元素。这些元素用于告诉浏览器如何在用户的屏幕上展示数据，所以很早就得到各个Web浏览器厂商的支持。

HTML历史上有如下版本：

①HTML 1.0：在1993年6月作为互联网工程工作小组（IETF）工作草案发布。

②HTML 2.0：1995年11月作为RFC 1866发布，于2000年6月发布之后被宣布已经过时。

③HTML 3.2：1997年1月14日，W3C推荐标准。

④HTML 4.0：1997年12月18日，W3C推荐标准。

⑤HTML 4.01（微小改进）：1999年12月24日，W3C推荐标准。

⑥HTML 5：HTML5是公认的下一代Web语言，极大地提升了Web在富媒体、富内容和富应用等方面的能力，被喻为终将改变移动互联网的重要推手。Internet Explorer 8及以前的版本不支持。

HTML在Web迅猛发展的过程中起着重要作用，但随着网络应用的深入，特别是电子商务的应用，HTML过于简单的缺陷很快凸现出来：HTML不可扩展。HTML不允许应用程序开发者为具体的应用环境定义自定义的标记。HTML只能用于信息显示。HTML可以设置文本和图片显示方式，但没有语义结构，即HTML显示数据是按照布局而非语义的。随着网络应用的发展，各行业对信息有着不同的需求，这些不同类型的信息未必都是以网页的形式显示出来的。例如，当通过搜索引擎进行数据搜索时，按照语义而非按照布局来显示数据会具有更多的优点。

2. CSS简介

层叠样式表（cascading style sheets，CSS）是一种用来表现HTML或XML（标准通用标记语言的一个子集）等文件样式的计算机语言。CSS不仅可以静态地修饰网页，还可以配合各种脚本语言动态地对网页各元素进行格式化。

CSS能够对网页中元素位置的排版进行像素级精确控制，支持几乎所有的字体字号样式，拥有对网页对象和模型样式编辑的能力。

从HTML被发明开始，样式就以各种形式存在。不同的浏览器结合它们各自的样式语言为用户提供页面效果的控制。最初的HTML只包含很少的显示属性。

为了满足页面设计者的要求，HTML添加了很多显示功能。但是随着这些功能的增加，HTML变得越来越杂乱，而且HTML页面也越来越臃肿，于是CSS便诞生了。

1994年哈坤·利提出了CSS的最初建议，当时伯特·波斯正在设计一个名为Argo的浏览器，于是他们决定一起设计CSS。

其实当时在互联网界已经有过一些统一样式表语言的建议了，但CSS是第一个含有"层叠"含义的样式表语言。在CSS中，一个文件的样式可以从其他的样式表中继承。读者在有些地方可以使用他自己更喜欢的样式，在其他地方则继承或"层叠"作者的样式。这种层叠的方式使作者和读者都可以灵活地加入自己的设计，混合每个人的爱好。

1994年，哈坤在芝加哥的一次会议上第一次提出了CSS的建议。1995年的WWW网络会议上CSS又一次被提出，波斯演示了Argo浏览器支持CSS的例子，哈坤也展示了支持CSS的Arena浏览器。同年，W3C组织（world wide web consortium）成立，CSS的创作成员全部成为了W3C的工作小组并且全力以赴负责研发CSS标准，层叠样式表的开发终于走上正轨。越来越多的成员参与其中，例如，微软公司的托马斯·莱尔顿，他的努力最终令Internet Explorer浏览器支持CSS标准。哈坤、波斯和其他一些人是这个项目的主要技术负责人。

1996年底，CSS初稿已经完成，同年12月，层叠样式表的第一份正式标准CSSL1（cascading style sheets level 1）完成，成为W3C的推荐标准。

1997年初，W3C组织负责CSS的工作组开始讨论第一版中没有涉及的问题，其讨论结果组成了1998年5月出版的CSS规范第二版。

CSS为HTML标记语言提供了一种样式描述，定义了其中元素的显示方式。CSS在Web设计领域是一个突破。利用它可以实现修改一个小的样式更新与之相关的所有页面元素。

CSS具有以下特点：

（1）丰富的样式定义

CSS提供了丰富的文档样式外观，以及设置文本和背景属性的能力；允许为任何元素创建边框，以及元素边框与其他元素间的距离，以及元素边框与元素内容间的距离；允许随意改变文本的大小写方式、修饰方式以及其他页面效果。

（2）易于使用和修改

CSS可以将样式定义在HTML元素的style属性中，也可以将其定义在HTML文档的header部分，也可以将样式声明在一个专门的CSS文件中，以供HTML页面引用。总之，CSS可以将所有的样式声明统一存放，进行统一管理。

另外，可以将相同样式的元素进行归类，使用同一个样式进行定义，也可以将某个样式应用到所有同名的HTML标签中，也可以将一个CSS样式指定到某个页面元素中。如果要修改样式，我们只需要在样式列表中找到相应的样式声明进行修改。

（3）多页面应用

CSS可以单独存放在一个CSS文件中，这样我们就可以在多个页面中使用同一个CSS。CSS理论上不属于任何页面文件，在任何页面文件中都可以引用，这样就可以实现多个页面风格的统一。

（4）层叠

层叠就是对一个元素多次设置同一个样式，这将使用最后一次设置的属性值。例如，对一个站点中的多个页面使用了同一套CSS，而某些页面中的某些元素想使用其他样式，就可以针对这些样式单独定义一个样式表应用到页面中。这些后来定义的样式将对前面的样式设置进行重写，在浏览器中看到的将是最后面设置的样式效果。

（5）页面压缩

在使用HTML定义页面效果的网站中，往往需要大量或重复的表格和font元素形成各种规格的文字样式，这样做的后果就是会产生大量的HTML标签，从而使页面文件的大小增加。而将样式的声明单独放到CSS中，可以大大减小页面的体积，这样在加载页面时使用的时间也会大大减少。另外，CSS的复用更大程度地缩减了页面的体积，减少下载的时间。

3. JavaScript

JavaScript（简称JS）是一种具有函数优先的轻量级、解释型或即时编译型的编程语言。虽然它是作为开发Web页面的脚本语言而出名，但是它也被用到了很多非浏览器环境中，JavaScript是基于原型编程、多范式的动态脚本语言，并且支持面向对象、命令式、声明式、函数式编程范式。

JavaScript是1995年由Netscape公司的Brendan Eich，在网景导航者浏览器上首次设计实现而成。因为Netscape与Sun合作，Netscape管理层希望它外观看起来像Java，因此取名为JavaScript。但实际上它的语法风格与Self及Scheme较为接近。

JavaScript的标准是ECMAScript。2015年6月17日，ECMA国际组织发布了ECMAScript的第六版，该版本正式名称为 ECMAScript 2015，但通常被称为ECMAScript 6 或者ES 2015。

发展初期，JavaScript的标准并未确定，同期有Netscape的JavaScript，微软的JScript和CEnvi的ScriptEase三足鼎立。为了互用性，ECMA国际（前身为欧洲计算机制造商协会）创建了ECMA-262标准（ECMAScript），两者都属于ECMAScript的实现，尽管JavaScript作为给非程序人员的脚本语言，而非作为给程序人员的脚本语言来推广和宣传，但是JavaScript具有非常丰富的特性。1997年，在ECMA（欧洲计算机制造商协会）的协调下，由Netscape、Sun、微软、Borland组成的工作组确定统一标准：ECMA-262。完整的JavaScript实现包含三个部分：ECMAScript、文档对象模型，浏览器对象模型。

JavaScript是甲骨文公司的注册商标。Ecma国际以JavaScript为基础制定了ECMAScript标准。JavaScript也可以用于其他场合，如服务器端编程（Node.js）。

JavaScript脚本语言具有以下特点：

①脚本语言。JavaScript是一种解释型的脚本语言，C、C++等语言先编译后执行，而JavaScript是在程序的运行过程中逐行进行解释。

②基于对象。JavaScript是一种基于对象的脚本语言，它不仅可以创建对象，也能使用现有的对象。

③简单。JavaScript语言中采用的是弱类型的变量类型，对使用的数据类型未做出严格的要求，是基于Java基本语句和控制的脚本语言，其设计简单紧凑。

④动态性。JavaScript是一种采用事件驱动的脚本语言，它不需要经过Web服务器就可以对用户的输入做出响应。在访问一个网页时，鼠标在网页中进行单击或上下移动、窗口移动等操作JavaScript都可直接对这些事件给出相应的响应。

⑤跨平台性。JavaScript脚本语言不依赖于操作系统，仅需要浏览器的支持。因此一个JavaScript脚本在编写后可以带到任意机器上使用，前提是机器上的浏览器支持JavaScript脚本语言，JavaScript已被大多数的浏览器所支持。不同于服务器端脚本语言，例如，PHP与ASP，JavaScript主要作为客户端脚本语言在用户的浏览器上运行，不需要服务器的支持。所以在早期，程序员比较倾向于使用JavaScript以减少对服务器的负担，而与此同时也带来另一个问题，安全性。

而随着服务器的强壮，虽然程序员更喜欢运行于服务端的脚本以保证安全，但JavaScript仍然以其跨平台、容易上手等优势大行其道。同时，有些特殊功能（如Ajax）必须依赖JavaScript在客户端进行支持。

4. 浏览器

浏览器是用来检索、展示以及传递Web信息资源的应用程序。Web信息资源由统一资源标识符（uniform resource identifier，URI）所标记，它是一张网页、一张图片、一段视频或者任何在Web上所呈现的内容。使用者可以借助超链接（hyperlinks），通过浏览器浏览互相关联的信息。

（1）IE浏览器

Internet Explorer（简称IE）是微软公司推出的一款网页浏览器。在IE7以前，中文直译为"网络探路者"，但在IE7以后官方便直接俗称"IE浏览器"。

2015年3月，微软确认将放弃IE品牌，转而在Windows 10上，用Microsoft Edge取代了Internet Explorer。2016年1月12日，微软公司宣布于这一天停止对Internet Explorer 8/9/10三个版本的技术支持，用户将不会再收到任何来自微软官方的IE安全更新；作为替代方案，微软建议用户升级到IE 11或者改用Microsoft Edge浏览器。

2022年6月15日21:00，微软停止支持Internet Explorer。浏览器的最新可用版本IE 11，转而只提供其当前的浏览器Microsoft Edge。

（2）火狐浏览器

Mozilla Firefox，中文俗称"火狐"，是一个由Mozilla开发的自由及开放源代码的网页浏览器，其使用Gecko排版引擎，支持多种操作系统，如Windows、macOS及GNU/Linux等。Firefox有两个升级渠道：快速发布版和延长支持版（ESR）。快速发布版每四周发布一个主要版本，此四周期间会有修复崩溃和安全隐患的小版本。延长支持版每42周发布一个主要版本，期间至少每四周才有修复崩溃、安全隐患和政策更新相关的小版本。由于该浏览器开放了源代码，因此还有一些第三方编译版供使用，如pcxFirefox、苍月浏览器、tete009等。

Mozilla Firefox正式版各版本可到Mozilla官方FTP站下载。

（3）360安全浏览器

360安全浏览器是互联网上安全好用的新一代浏览器，拥有国内领先的恶意网址库，采用云查杀引擎，可自动拦截挂马、欺诈、网银仿冒等恶意网址。独创的"隔离模式"，让用户在访问木马网站时也不会感染。无痕浏览，能够更大限度保护用户的上网隐私。360安全浏览器体积小巧、速度快、极少崩溃，并拥有翻译、截图、鼠标手势、广告过滤等几十种实用功能，已成为广大网民上网的优先选择。

对于同时开启数十个页面、CPU占用率高的情况，360安全浏览器提供了性能优化模式，开启此模式后，CPU占用率可以瞬间降低并维持到打开一个单页面的水准，此模式对于网络浏览用户不存在兼容性问题。

360安全浏览器是一款支持浏览器静音的浏览器。现在很多网页都会自动发出声音，比如博客网站、视频广告等。当你在360安全浏览器的状态栏上启用"浏览器静音"功能后，页面上所有的声音都不会被播放出来，还您安静的浏览体验。

项目一 网页制作基础

任务3 网页制作工具

课前导学

虽然网页制作的相关基础技术为HTML、CSS及JavaScript等，但为了更好地进行网站开发，我们需要借助一些较为便捷的工具，如Dreamweaver、Editplus、notepad++等。在实际工作中，最常用的网页制作工具是Dreamweaver，本书中的案例将全部使用Dreamweaver工具编写与制作。接下来，将详细介绍Dreamweaver工具的具体使用。

知识储备

Adobe Dreamweaver，简称DW，中文名称"梦想编织者"，是美国Macromedia公司（2005年被Adobe公司收购）开发的集网页制作和管理网站于一身的所见即所得网页编辑器，DW是第一套针对专业网页设计师特别发展的视觉化网页开发工具，利用它可以轻而易举地制作出跨越平台限制和跨越浏览器限制的充满动感的网页。

Adobe Dreamweaver使用所见即所得的接口，亦有HTML编辑的功能。它有Mac和Windows操作系统的版本。Macromedia被Adobe收购后，Adobe也开始计划开发Linux版本的Dreamweaver了。Dreamweaver自MX版本开始，使用了Opera的排版引擎"Presto"作为网页预览。

本书使用的网页制作软件为Dreamweaver CS6，读者可以通过购买或下载正版软件进行安装，具体安装过程这里就不做详细介绍，接下来直接进入软件界面的认识及软件的使用。

双击软件图标即可进入软件界面，为了学习需要，建议读者选择菜单栏里的"窗口"→"工作区布局"→"经典"命令，如图1-3所示。

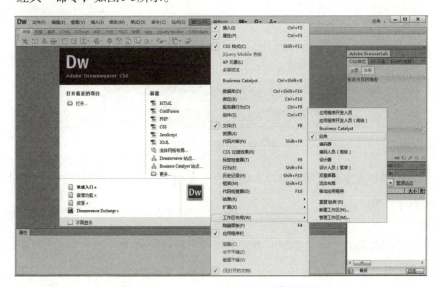

图1-3 Dreamweaver CS6 "经典"设置

扫一扫

Dreamweaver
软件安装

Dreamweaver
软件界面介绍

将软件设置成经典窗口界面，如图1-4所示。

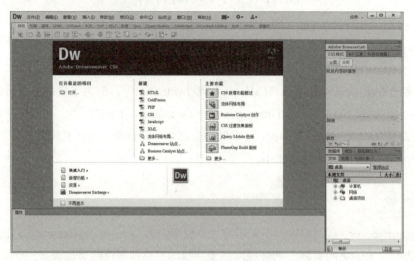

图1-4　Dreamweaver CS6 经典窗口界面

接下来，选择中间区域里的"新建"→"HTML"选项，即可创建一个名为"Untitled-1"的空白网页，如图1-5所示。

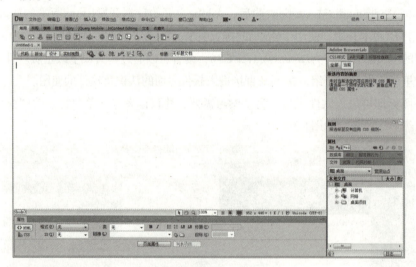

图1-5　新建空白网页

Dreamweaver操作界面主要包括菜单栏、插入栏、文档工具栏、文档窗口、属性面板及其他常用面板，具体如图1-6所示。

（1）菜单栏

Dreamweaver菜单栏包括文件、编辑、查看、插入、修改、格式、命令、站点、窗口、帮助10个菜单项，如图1-7所示。

（2）插入栏

Dreamweaver软件非常人性化，把一些常用的工具或标记集成在了插入栏，可以直接选择插入栏里的相关按钮，这些工具或标记按钮对应到菜单栏里的相应工具或标记。插入栏集成了多种网页元素，包括超链接、图像、表格等，如图1-8所示。

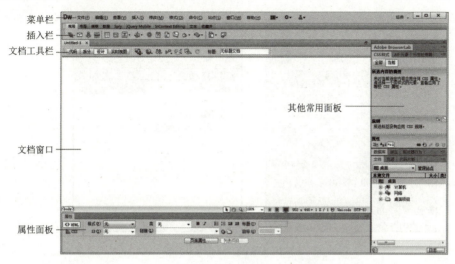

图 1-6　Dreamweaver 操作界面

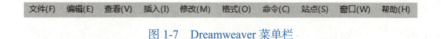

图 1-7　Dreamweaver 菜单栏

图 1-8　Dreamweaver 插入栏

（3）文档工具栏

文档工具栏提供了网页"文档"的各种视图窗口，有代码、拆分、设计、实时视图，还提供了各种查看选项及一些常用操作按钮，如图1-9所示。

图 1-9　Dreamweaver 文档工具栏

（4）文档窗口

文档窗口是软件中间最大一块区域，主要是用来编辑网页。具体操作方法后续会详细介绍。

（5）属性面板

属性面板用来显示用户选择对象的相关属性，如图1-10所示。

图 1-10　Dreamweaver 属性面板

（6）其他常用面板

其他常用面板主要有文件、CSS等面板，如图1-11所示。

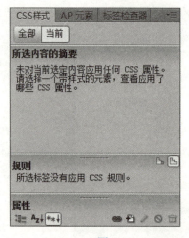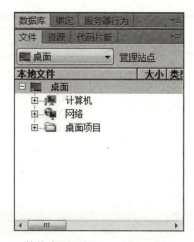

图 1-11　Dreamweaver 其他常用面板

 任务实战

1. 任务内容

前面我们已经对网页、HTML、CSS、Javascript语言以及常用的网页制作工具Dreamweaver有了一定的了解，接下来，将介绍如何创建本地站点及创建网站首页。

扫一扫
如何新建站点

2. 操作步骤

①打开Dreamweaver软件，选择菜单栏的"站点"→"新建站点"命令，打开"站点设置对象"对话框，并将站点名称设置为"我的第一个网站"，将本地站点文件夹设置在"D:\我的第一个网站"文件夹，如图1-12所示。

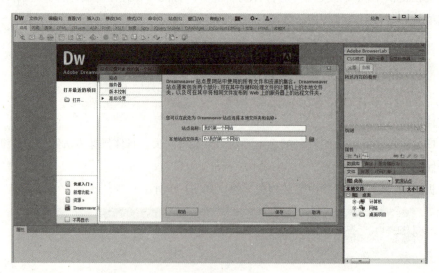

图 1-12　新建站点

②单击"保存"按钮,本地站点创建完成,完成后的"文件"面板就会切换到"我的第一个网站",如图1-13所示。

图1-13 新建站点之后的"文件"面板

③接下来,为创建好的网站添加网站的首页。右击文件面板里的站点文件夹,选择"新建文件"命令,如图1-14所示。

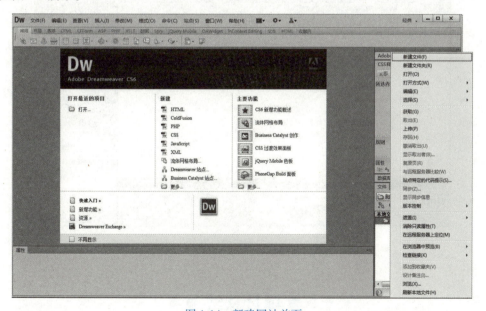

图1-14 新建网站首页

之后,将网站首页的文件名改为"index.html"或"defualt.html",这两个文件名为默认的网站首页文件名,如图1-15所示。

图 1-15　修改网站首页名称

④在文件面板里双击"index.html"主页，即可开打主页编辑界面，就可以开始网页制作了，如图1-16所示。

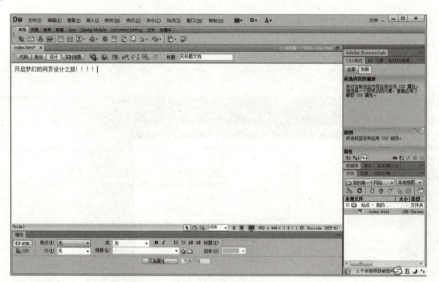

图 1-16　编辑网站首页

● ● ● ● 项目总结 ● ● ● ●

通过本项目的学习，我们能够简单地认识网页，了解网页制作相关名词，熟悉了HTML、CSS及Javascript语言的发展，了解它们的作用，掌握了Dreamweaver工具的基本操作，能够熟练使用Dreamweaver工具创建本地站点及网页。

项目二
初识 HTML5

本项目主要介绍HTML5的基础知识，主要包括HTML5中相关基本概念，重点介绍HTML文档结构、HTML文档头部相关标记、HTML文本控制标记CSS及HTML文本控制标记。难点部分为如何掌握图文混排页面的制作技巧。

知识目标

- ◆ 掌握HTML文档结构。
- ◆ 了解HTML文档头部相关标记。
- ◆ 了解HTML文本控制标记。
- ◆ 掌握HTML图像标记。

能力目标

- ◆ 掌握图文混排页面的制作技巧。
- ◆ 掌握制作图文混排页面。

素质目标

- ◆ 培养学生勤奋学习的态度。
- ◆ 培养学生严谨的编程习惯。
- ◆ 培养学生遵循Web开发的规范。

任务1　HTML5概述

课前导学

　　HTML，它包括一系列标签。通过这些标签可以将网络上的文档格式统一，使分散的Internet资源连接为一个逻辑整体。HTML文本是由HTML命令组成的描述性文本，HTML命令可以说明文字、图形、动画、声音、表格、链接等。

　　HTML5是公认的下一代Web语言，极大地提升了Web在富媒体、富内容和富应用等方面的能力，被喻为终将改变移动互联网的重要推手。

　　下面将对HTML文档基本格式、HTML标记等进行讲解，使得读者进一步认识HTML。

知识储备

1. HTML文档基本格式

　　使用Dreamweaver工具创建一个新网页，打开它的代码视图，就能查看它的源代码，如图2-1所示。

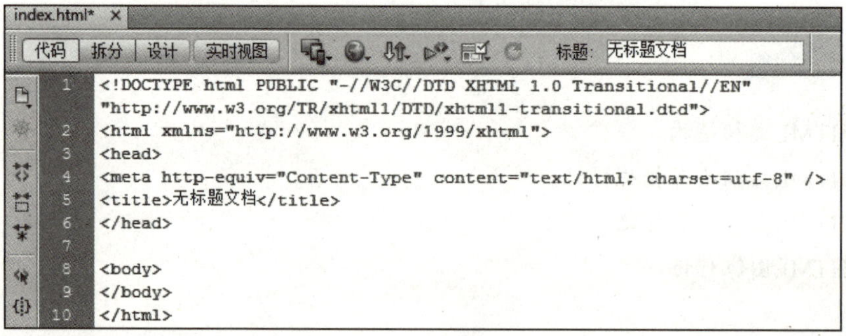

图 2-1　index.html 文档源代码

　　在图2-1中，这些自带的源代码构成了HTML文档的基本格式，主要包括<!DOCTYPE>文档类型声明、<html>根标记、<head>头部标记、<body>主体标记，具体介绍如下：

　　（1）<!DOCTYPE>标记

　　<!DOCTYPE>标记位于文档的最前面，用于向浏览器说明当前文档使用哪种HTML或XHTML标准规范，HTML 5文档中的 DOCTYPE 声明非常简单，代码如下：<! DOCTYPE HTML>。只在开头处使用<!DOCTYPE>声明，浏览器才能将该网页作为有效的HTML文档，并按指定的文档类型进行解析，使用HTML 5的DOCTYPE声明，会触发浏览器以标准兼容模式来显示页面。

　　（2）<html>根标记

　　<html>根标记位于<!DOCTYPE>标记之后，用于告知浏览器其自身是一个 HTML 文档。<html>根标记标志着HTML文档的开始，</html>标记标志着HTML文档的结束，在它们之间的是文档的头部和主体内容。

（3）<head>头部标记

<head>标记用于定义HTML文档的头部信息，紧跟在<html>标记之后，主要用来封装其他位于文档头部的标记。例如，<title> <meta> <link>及<style>等，用来描述文档的标题、作者以及和其他文档的关系等。

一个HTML文档只能含有一对<head>标记，绝大多数文档头部包含的数据都不会真正作为内容显示在页面中。

（4）<body>主体标记

<body>标记用于定义HTML文档所要显示的内容。浏览器中显示的所有文本、图像、音频和视频等信息都必须位于<body>标记内。

<body>标记中的信息才是最终展示给用户看的，一个HTML文档只能含有一对<body>标记，且<body>标记必须在<html>标记内，位于<head>头部标记之后，与<head>标记是并列关系。

2. HTML5语法

（1）标签不区分大小写

HTML5采用宽松的语法格式，标签可以不区分大小写，这是HTML5语法变化的重要体现，例如：

```
<em>这里的em标签大小写不一致</EM>
```

在上面的代码中，虽然em标记的开始标记与结束标记大小写并不匹配，但是在HTML5语法中是完全合法的。

（2）允许属性值不使用引号

在HTML5语法中，属性值不放在引号中也是正确的，例如：

```
<input readonly = readonly type = text/>
```

以上代码都是完全符合HTML5规范的，等价于：

```
<input readonly = "readonly" type = "text"/>
```

（3）允许部分属性值的属性省略

在HTML5中，部分标志性属性的属性值可以省略，例如：

```
<input checked = "checked"  type = "checkbox"/>
<input readonly = "readonly" type = "text"/>
```

可以省略为：

```
<input checked type = "checkbox"/>
<input readonly type = "text"/>
```

从上述代码可以看出，checked = "checked"可以省略为checked，而readonly = "readonly"可以省略为readonly。

任务 2　HTML5 文本控制标记

课前导学

本任务前，我们已经了解和学习HTML文档的基本结构，接下来利用Dreamweaver工具完成文本的制作。在网页制作之前，我们要完成文本控制标记的学习。

知识储备

1. 标题和段落标记

一篇结构清晰的文章通常都有标题和段落，HTML网页也不例外，为了使网页中的文字有条理地显示出来，HTML提供了相应的标记。

（1）标题标记

为了使网页更具有语义化，经常会在页面中用到标题标记，HTML提供了六个等级的标题，即<h1>、<h2>、<h3>、<h4>、<h5>和<h6>，从<h1>到<h6>标题大小递减。标题标记源代码如图2-2所示，浏览器浏览效果如图2-3所示。

扫一扫
如何编辑标题标记

图 2-2　标题标记源代码　　　　图 2-3　浏览器浏览效果

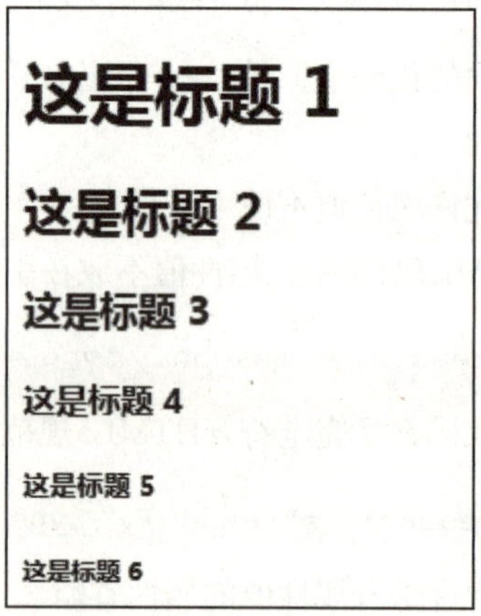

（2）段落标记

在网页中要把文字有条理地显示出来，离不开段落标记，就如同我们平常写文章一样，整个网页也可以分为若干个段落，而段落的标记就是<p>。其基本语法格式如下：

扫一扫
如何编辑段落标记

`<p>段落文本</p>`

我们现在完成古诗"咏柳"的排版源代码，如图2-4所示，浏览器浏览效果如图2-5所示。

（3）水平线标记

在网页中常常看到一些水平线将段落与段落隔开，使得文档结构清晰，层次分明。这些水平线可以通过插入图片实现，也可以简单地通过标记来实现，<hr />就是创建横跨网页水平线的标记。水平线源代码及效果如图2-6、图2-7所示。

```
16  <p>咏柳</p>
17  <p>碧玉妆成一树高,</p>
18  <p>万条垂下绿丝绦。</p>
19  <p>不知细叶谁裁出,</p>
20  <p>二月春风似剪刀。</p>
```

咏柳

碧玉妆成一树高,

万条垂下绿丝绦。

不知细叶谁裁出,

二月春风似剪刀。

图 2-4 "咏柳"的排版源代码　　　　　图 2-5 浏览器浏览效果

```
22  <p>hr 水平线标记</p>
23  <hr />
```

hr 水平线标记
_____

图 2-6 水平线源代码　　　　　　　　图 2-7 水平线效果图

（4）换行标记

在HTML中,一个段落中的文字会从左到右依次排列,直到浏览器窗口的右端,然后自动换行。如果希望某段文本强制换行显示,就需要使用换行标记
。换行源代码及效果如图2-8、图2-9所示。

```
25  <p>学习HTML语言<br />是一件<br />非常有趣的事！</p>
```

图 2-8 换行标记源代码

学习HTML语言
是一件
非常有趣的事！

图 2-9 换行标记效果图

2. 文本格式化标记

在网页中,有时需要为文字设置粗体、斜体及下划线效果,这时就需要用到HTML中的文本格式化标记,使文字以特殊的方式显示,常用文本格式化标记如表2-1所示。

表2-1 文本格式化标记

标　　记	显示效果
<b></b>和<strong></strong>	文字以粗体方式显示（b定义文本粗体,strong定义强调文本）
<i></i>和<em></em>	文字以斜体方式显示（i定义斜体字,em定义强调文本）
<s></s>和<del></del>	文字以加删除线方式显示（HTML5不赞成使用s）
<u></u>和<ins></ins>	文字以加下划线方式显示（HTML5不赞成使用u）

3. 特殊字符标记

浏览网页时常常会看到一些包含特殊字符的文本，如数学公式、版权信息等。那么如何在网页上显示这些包含特殊字符的文本呢？HTML为这些特殊字符准备了替代代码，如表2-2所示。

表2-2 特殊字符标记

特殊字符	描述	字符代码	特殊字符	描述	字符代码
	空格		℃	摄氏度	&deg;
<	小于号	&lt;	±	正负号	&plusmn;
>	大于号	&gt;	×	乘号	&times;
&	和号	&amp;	÷	除号	&divide;
¥	人民币	&yen;	2	平方（上标2）	&sup2;
©	版权	&copy;	3	立方（上标3）	&sup3;
®	注册商标	&reg;	—	—	—

任务3 HTML5 图像标记

课前导学

本任务前，我们已经了解和学习了HTML文本控制标记，在网页中除了文本，另一个常用的元素就是图像了，接下来利用Dreamweaver工具完成"荷塘月色"网页的制作。在网页制作之前，我们须了解图像的相关知识。

知识储备

1. 常用图像格式

（1）gif格式

gif格式最突出的特点就是它支持动画，同时gif也是一种无损的图像格式，也就是说修改图片之后，图片质量几乎没有损失，再加上gif支持透明（全透明或全不透明）。因此，很适合在互联网上使用，但gif只能处理256种颜色。在网页制作中，gif格式常常用于Logo、小图标及其他色彩相对单一的图像。

（2）jpg格式

jpg所能显示的颜色比gif和png多，可以用来保存超过256种颜色的图像。但是jpg是一种有损压缩的图像格式，这就意味着每修改一次图片都会造成一些图像数据的丢失。jpg是特别为照片图像设计的文件格式，网页制作过程中类似于照片的图像如横幅广告（banner）、商品图片、较大的插图等都可以保存为jpg格式。

（3）png格式

png包括png-8和真色彩png（png-24 和png-32）。相对于gif，png最大的优势是体积更小，支持Alpha透明（全透明、半透明、全不透明），并且颜色过渡更平滑，但png不支持动画，同时需要注意的是IE6可以支持png-8，但在处理png-24的透明时会显示为灰色。通常，图片保存为png-8会在同等质量下比gif体积更小，而半透明的图片只能使用png-24。

2. 图像标识

HTML网页中任何元素的实现都要依靠HTML标记，要想在网页中显示图像就需要使用图像标记。接下来将详细介绍图像标记<img />以及它的相关属性，其基本语法格式如下：

```
<img src="图像URL（图像路径和文件名）" />
```

该语法中src属性用于指定图像文件的路径和文件名，它是img标记的必需属性，图像标记<img />的属性如表2-3所示。

表2-3 <img />属性表

属 性	属性值	描　述
src	URL	图像的路径
alt	文本	图像不能显示时的替换文本
title	文本	鼠标悬停时显示的内容
width	像素	设置图像的宽度
height	像素	设置图像的高度
border	数字	设置图像边框的宽度
vspace	像素	设置图像顶部和底部的空白
hspace	像素	设置图像左侧和右侧的空白
align	left	设置图像为左对齐
	right	设置图像为右对齐
	top	设置图像的顶端和文本的第一行文字对齐，其他文字居图像下方
	middle	设置图像的水平中线和文本的第一行文字对齐，其他文字居图像下方
	bottom	设置图像的底部和文本的第一行文字对齐，其他文字居图像下方

任务实战

1. 任务内容

HTML网页中的HTML标记丰富多彩，具体属性也很多，具体能实现什么效果，这也是进行网页制作必须掌握的，接下来，我们通过具体案例来看看。

2. 操作步骤

（1）图像的替换文本属性：alt属性

由于网速太慢、浏览器版本过低等原因，图像可能无法正常显示。因此，为页面上的图像加上替换文本是个很好的习惯，在图像无法显示时告诉用户该图片的内容，这就需要使用图像的alt属性。图像标记<img />有一个和alt属性十分类似的属性title，title属性用于设置鼠标悬停时图像的提示文字。插入图像源代码如图2-10所示。

```
1   <!DOCTYPE html PUBLIC "-//W3C//DTD XHTML 1.0 Transitional//EN"
    "http://www.w3.org/TR/xhtml1/DTD/xhtml1-transitional.dtd">
2   <html xmlns="http://www.w3.org/1999/xhtml">
3   <head>
4   <meta http-equiv="Content-Type" content="text/html; charset=utf-8" />
5   <title>无标题文档</title>
6   </head>
7   
8   <body>
9   <img src="images/1.jpeg" width="500" height="281" alt="荷塘月色--朱自清"/>
10  </body>
11  </html>
```

图 2-10　alt 属性源代码

正常显示图像效果如图2-11所示。

图 2-11　正常显示图像

如遇到图片丢失或网速太慢，将会显示替换的文本，如图2-12所示。

（2）title属性

当鼠标移动到图片上面并悬停时，就会显示图片标题文本。

（3）图像的宽度和高度属性：width和height

通常情况下，如果不设置图像的宽度和高度属性，将显示图像的原始尺寸。只有当设置了图像的width和height属性，图像才会按设置的尺寸显示。

（4）图像的边框属性：border

默认情况下图像是没有边框的，通过border属性可以为图像添加边框、设置边框的宽度。

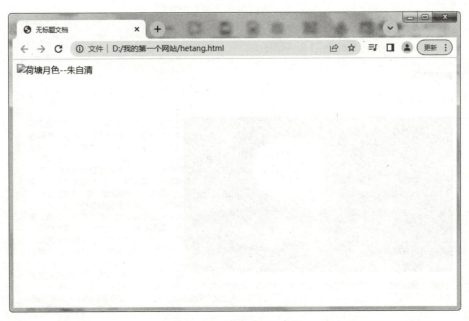

图 2-12　alt 属性显示效果

（5）图像的边距属性：vspace和hspace

在网页中，由于排版需要，有时候还需要调整图像的边距。HTML中通过vspace和hspace属性可以分别调整图像的垂直边距和水平边距。

（6）图像的对齐属性：align

图文混排是网页中的常见效果，默认情况下，图像的底部会相对于文本的第一行文字对齐。但是在制作网页时经常需要实现图像和文字的环绕效果，例如图像居左文字居右等，这就需要使用图像的对齐属性align。

下面来完成荷塘月色网页的制作，实现网页中常见的图像居左文字居右的效果，如图2-13和图2-14所示。

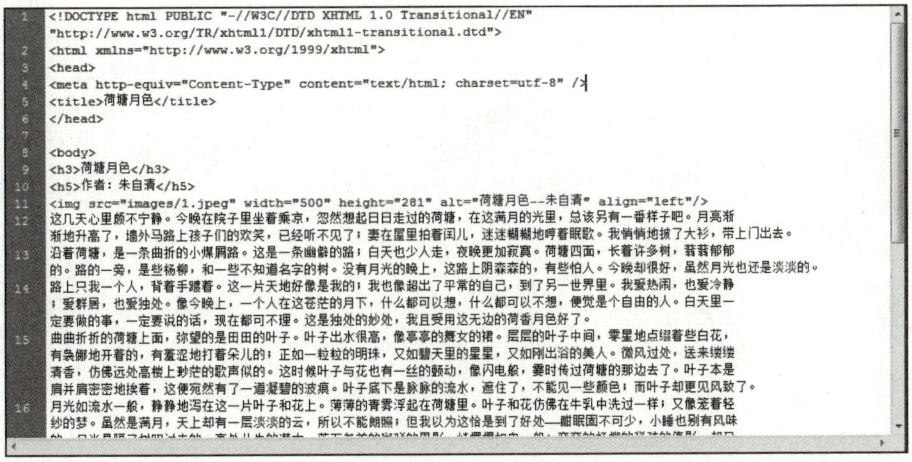

```
<!DOCTYPE html PUBLIC "-//W3C//DTD XHTML 1.0 Transitional//EN"
"http://www.w3.org/TR/xhtml1/DTD/xhtml1-transitional.dtd">
<html xmlns="http://www.w3.org/1999/xhtml">
<head>
<meta http-equiv="Content-Type" content="text/html; charset=utf-8" />
<title>荷塘月色</title>
</head>

<body>
<h3>荷塘月色</h3>
<h5>作者：朱自清</h5>
<img src="images/1.jpeg" width="500" height="281" alt="荷塘月色--朱自清" align="left"/>
这几天心里颇不宁静。今晚在院子里坐着乘凉，忽然想起日日走过的荷塘，在这满月的光里，总该另有一番样子吧。月亮渐
渐地升高了，墙外马路上孩子们的欢笑，已经听不见了；妻在屋里拍着闰儿，迷迷糊糊地哼着眠歌。我悄悄地披了大衫，带上门出去。
沿着荷塘，是一条曲折的小煤屑路。这是一条幽僻的路；白天也少人走，夜晚更加寂寞。荷塘四面，长着许多树，蓊蓊郁郁
的。路的一旁，是些杨柳，和一些不知道名字的树。没有月光的晚上，这路上阴森森的，有些怕人。今晚却很好，虽然月光也还是淡淡的。
路上只我一个人，背着手踱着。这一片天地好像是我的；我也像超出了平常的自己，到了另一世界里。我爱热闹，也爱冷静
；爱群居，也爱独处。像今晚上，一个人在这苍茫的月下，什么都可以想，什么都可以不想，便觉是个自由的人。白天里一
定要做的事，一定要说的话，现在都可不理。这是独处的妙处，我且受用这无边的荷香月色好了。
曲曲折折的荷塘上面，弥望的是田田的叶子。叶子出水很高，像亭亭的舞女的裙。层层的叶子中间，零星地点缀着些白花，
有袅娜地开着的，有羞涩地打着朵儿的；正如一粒粒的明珠，又如碧天里的星星，又如刚出浴的美人。微风过处，送来缕缕
清香，仿佛远处高楼上渺茫的歌声似的。这时候叶子与花也有一丝的颤动，像闪电般，霎时传过荷塘的那边去了。叶子本是
肩并肩密密地挨着，这便宛然有了一道凝碧的波痕。叶子底下是脉脉的流水，遮住了，不能见一些颜色；而叶子却更见风致了。
月光如流水一般，静静地泻在这一片叶子和花上。薄薄的青雾浮起在荷塘里。叶子和花仿佛在牛乳中洗过一样；又像笼着轻
纱的梦。虽然是满月，天上却有一层淡淡的云，所以不能朗照；但我以为这恰是到了好处——酣眠固不可少，小睡也别有风味
```

图 2-13　荷塘月色网页源代码

图 2-14　荷塘月色网页效果图

●●●● 项目总结 ●●●●

通过本项目的学习，我们掌握了HTML文档结构，了解了HTML文档头部相关标记，通过多个小案例，熟悉了HTML文本控制标记，并通过荷塘月色案例，熟练掌握了HTML图像标记。

项目三
CSS3 网页美化

本项目主要介绍CSS样式规则的基础知识，主要包括CSS字体样式及文本外观属性，重点介绍CSS复合选择器、CSS层叠性、继承性与优先级，难点为页面中文本外观样式的合理选择及应用。

知识目标

- 了解CSS样式规则。
- 掌握CSS字体样式及文本外观属性。
- 了解CSS复合选择器。
- 掌握CSS层叠性、继承性与优先级。

能力目标

- 掌握引入CSS的不同方式。
- 掌握控制页面中的文本外观样式。

素质目标

- 培养学生归纳总结的思维能力。
- 培养学生的审美能力。
- 培养学生严谨的编程习惯。
- 培养学生遵循Web开发的规范。

任务1　CSS基础

课前导学

下面将对CSS样式规则、引入CSS、CSS基础选择器进行详细讲解。

知识储备

1. CSS样式规则

在制作网页时，我们会经常利用CSS对网页进行修饰，在修饰之前，先要了解CSS样式规则，它的基本语法格式如下：

```
选择器{属性1：属性值1；属性2：属性值2；属性3：属性值3；}
```

上述CSS样式规则中，"选择器"用于指定CSS样式作用的HTML对象，花括号里面为该对象的属性，"属性1：属性值1；"就是一种"键值对"的形式，如字体大小、文本颜色等。属性与属性值之间用英文标点"："隔开，每一组键值对之间用英文标点"；"隔开。如下所示：

```
h2{font-family:"Times New Roman";font-size:"14px";color:"red";}
```

其中，h2为选择器，表示HTML中对象为<h2>标记，font-family表示h2对象的字体为Times New Roman，font-size表示h2对象的字体大小为14px，color表示h2对象的字体颜色为red。

初学者在书写CSS样式时，除了要遵守CSS样式规则，还要注意下面几点：

①CSS样式中的选择器严格区分大小写，而属性与属性值不区分大小写，选择器及属性与属性值一般都用小写字母书写。

②如果属性值由多个单词组成且中间有空格，则要对这个属性值用英文双引号引起来。如前面的：

```
font-family:"Times New Roman";
```

③为了提高CSS样式代码的可读性，在书写CSS样式时，通常还会加上注释。例如：

```
/*这就是注释文字，只是为了提高代码可读性，并不会在浏览器里显示*/
```

④在CSS代码中空格是不会被解析的，花括号或分号前后的空格可有可无。因此，可以使用空格或【Tab】键、【Enter】键对代码进行排版，提高代码的可读性。例如，我们可以将前面的代码排版成如下格式：

```
h2{
    font-family:"Times New Roman";
    font-size:"14px";
    color:"red" ;
}
```

2. 引入CSS

使用CSS样式修饰网页元素时，首先要学会引入CSS，常见的引入CSS的方法有以下三种：

（1）行内引用

行内引用是通过标记的style属性来设置元素的样式，其基本语法格式为：

```
<标记名 style="属性1：属性值1；属性2：属性值2；属性3：属性值3;">内容</标记名>
```

该语法中，style为标记的属性及属性值，其实任何HTML标记都拥有自己的style属性，专门用来进行行内引用。

下面我们一起来看一个具体的案例，源代码及效果图如图3-1和图3-2所示。

```
1  <!DOCTYPE html PUBLIC "-//W3C//DTD XHTML 1.0 Transitional//EN"
   "http://www.w3.org/TR/xhtml1/DTD/xhtml1-transitional.dtd">
2  <html xmlns="http://www.w3.org/1999/xhtml">
3  <head>
4  <meta http-equiv="Content-Type" content="text/html; charset=utf-8" />
5  <title>CSS行内引用</title>
6  </head>
7
8  <body>
9  <p style="font-size:16px; color:red;">行内引用是通过标记的style属性来设置元素的样式，这里我们设置了文本的大小及颜色。</p>
10 </body>
11 </html>
```

图 3-1　CSS 行内引用源代码

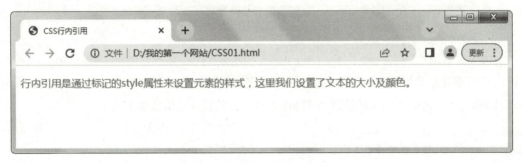

图 3-2　CSS 行内引用效果图

（2）内嵌式引用

内嵌式引用是将CSS代码集中写在HTML文档的<head>头部标记中，并且用<style>标记定义，具体语法格式如下：

```
<head>
<style type="text/css">
        选择器{属性1：属性值1;属性2：属性值2;属性3：属性值3;}
</style>
</head>
```

在该语法中，<style>标记可以放在HTML文档的任何位置，但是由于浏览器都是从上往下进行代码解析的，所以一般将<style>标记放在<head>里，并放在<title>标记之后。

下面一起来看一个具体的案例，内嵌式引用源代码及效果图如图3-3和图3-4所示。

```
<!DOCTYPE html PUBLIC "-//W3C//DTD XHTML 1.0 Transitional//EN"
"http://www.w3.org/TR/xhtml1/DTD/xhtml1-transitional.dtd">
<html xmlns="http://www.w3.org/1999/xhtml">
<head>
<meta http-equiv="Content-Type" content="text/html; charset=utf-8" />
<title>CSS内嵌式引用</title>
<style type="text/css">
h2{ text-align:center; color:red;}
p{ font-family:"黑体"; font-size:18px;}
</style>
</head>

<body>
<h2>CSS样式内嵌式引用</h2>
<p>内嵌式引用是将CSS代码集中写在HTML文档的<head>头部标记中，并且用<style>标记定义。</p>
</body>
</html>
```

图 3-3　CSS 内嵌式引用源代码

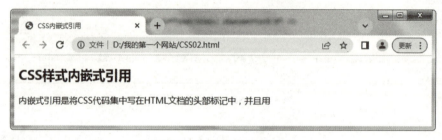

图 3-4　内嵌式引用效果图

扫一扫

如何使用链入式引用CSS样式表文件

（3）链入式引用

链入式引用就是将所有的CSS样式放在一个或多个以.CSS为扩展名的外部样式表文件中，然后通过<link>标记将外部样式表文件链接到HTML文档中，其基本的语法如下所示：

```
<head>
<link href="CSS样式表文件的路径" type="text/css" rel="stylesheet" />
</head>
```

在该语法中，<link />标记要求放在<head>标记中，并且必须指定<link />标记的三个属性，具体如下：

href：定义所链接的外部样式表文件的URL。

type：定义所链接文档的类型，在这里须要指定为"text/css"，表示链接的外部文件为CSS文件。

rel：定义当前文档与被链接文档之间的关系，在这里须要指定为"stylesheet"，表示被链接的文档是一个样式表文件。

3. CSS基础选择器

为了将CSS样式应用于特定的HTML元素，先要找到该元素。在CSS中，执行这一任务的样式规则被称为选择器。接下来，介绍以下几种选择器。

（1）CSS元素选择器

最常见的CSS选择器是元素选择器，换句话说，文档的元素就是最基本的选择器。如果设置

HTML的样式，选择器通常将是某个HTML元素，比如p、h1、em、a，甚至可以是html本身，如下所示：

```
html{color:black;}
h1{color:red;}
h2{color:blue;}
```

（2）CSS的id选择器

CSS的id选择器可以为标有特定id的HTML元素指定特定的样式，id选择器以"#"来定义。下面的两个id选择器，第一个可以定义元素的颜色为红色；第二个定义元素的颜色为绿色：

```
#red {color: red;}
#green {color: green;}
```

下面的HTML代码中，id属性为red的p元素显示为红色，而id属性为green的p元素显示为绿色：

```
<p id="red">本段落文本为红色。</P>
<p id="green">本段落文本为绿色。</P>
```

（3）CSS类选择器

类选择器允许以一种独立于文档元素的方式来指定样式，该选择器可以单独使用，也可以与其他元素结合使用，在使用类选择器之前，需要修改具体的文档标记，以便类选择器正常工作。为了将类选择器的样式与元素关联，必须将class指定为一个适当的值，请看下面的HTML代码：

```
<h1 class="important">This heading is very important.</h1>
<p class="important">This paragraph is very important.</p>
```

在上面的代码中，两个元素的class都指定为important：第一个标题（h1元素），第二个段落（p元素），然后使用以下语法向这些归类的元素应用样式，即类名前有一个点号(.)。

```
.important {color: blue}
```

（4）分组选择器

假设希望h2元素和段落都有红色，为达到这个目的，最容易的做法是使用以下声明：

```
h2, p {color: red}
```

将h2和p选择器放在规则左边，然后用逗号分隔，就定义了一个规则。其右边的样式{ color: red }将应用到这两个选择器所引用的元素，逗号告诉浏览器，规则中包含两个不同的选择器，可以将任意多个选择器分组在一起，对此没有任何限制。例如，如果想把很多元素显示为红色，可以使用类似如下的规则：

```
Body, h2, p, table, th, td, pre, strong, em {color: red}
```

（5）CSS * 选择器

CSS * 选择器的作用，就是选择所有元素，并统一设置它们的样式。例如，将所有元素背景色设置成蓝色：

```
* { background-color: blue; }
```

 任务实战

1. 任务内容

链入式引用CSS文件对于网页制作很重要,接下来,通过一个案例的详细制作过程来熟悉链入式引用CSS文件。

2. 操作步骤

①创建一个HTML文档。设置文档标题,并添加一个标题和一个段落文本,源代码如图3-5所示。保存文档,并命名为"CSS03.html"。

```
1  <!DOCTYPE html PUBLIC "-//W3C//DTD XHTML 1.0 Transitional//EN"
   "http://www.w3.org/TR/xhtml1/DTD/xhtml1-transitional.dtd">
2  <html xmlns="http://www.w3.org/1999/xhtml">
3  <head>
4  <meta http-equiv="Content-Type" content="text/html; charset=utf-8" />
5  <title>CSS链入式引用</title>
6  <link href="style.css" type="text/css" rel="stylesheet" />
7  </head>
8  
9  <body>
10 <h2>《咏柳》</h2>
11 <p>碧玉妆成一树高,万条垂下绿丝绦。</p>
12 <p>不知细叶谁裁出,二月春风似剪刀。</p>
13 </body>
14 </html>
```

图 3-5　源代码

②创建样式表文件。打开Dreamweaver CS6,在菜单栏依次选择"文件"→"新建"命令,在弹出的"新建文档"对话框中,选择"空白页"→"CSS"选项,如图3-6所示。

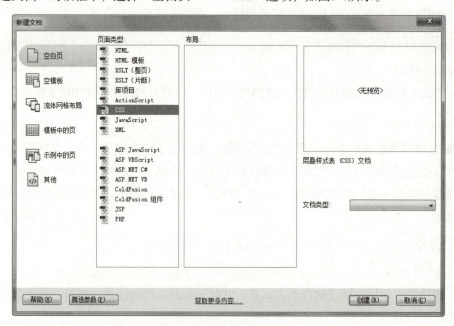

图 3-6　创建样式表文件

创建CSS文档后，就会进入CSS文档编辑界面，如图3-7所示。

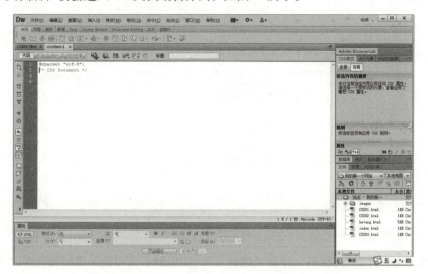

图 3-7　CSS 文档编辑界面

③保存CSS文档。在菜单栏依次选择"文件"→"保存"命令，在弹出的"另存为"对话框中，存储位置选择"CSS03.html"同一文件夹，文件名为"style.css"，如图3-8所示。

图 3-8　"另存为"对话框

④编写CSS样式。在图3-8里的"style.css"文档中，编写如下代码并保存：

```
h2{color:red; text-align:center;}
p{font-size:18px; color:blue; text-align:center;}
```

⑤链接样式表。在"CSS03.html"文件的<head>标记中,添加<link />标记,代码如下:

```
<link href="style.css" type="text/css" rel="stylesheet" />
```

保存"CSS03.html"文件。接下来就可以浏览最终效果,如图3-9所示。

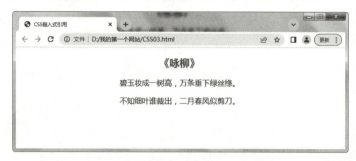

图3-9 《咏柳》CSS样式效果

重点提醒,为了规范CSS代码,建议采用链入式引用CSS,方便统一编辑和管理CSS。

任务2 CSS 控制文本样式

课前导学

学习HTML时,可以使用文本样式标记及其属性来控制文本的显示样式,但是这种方式烦琐而且不利于代码的共享和移植。为此,CSS提供了相应的文本样式属性。使用CSS可以更轻松地控制文本样式,本任务将对常用的文本样式属性进行详细讲解。

知识储备

1. CSS字体样式属性

为了更方便地控制网页中各种各样的字体,CSS提供了一系列的字体样式属性,具体如下:

(1) font-size:字号大小

font-size属性用于设置文本的字号大小,该属性的值可以使用相对长度单位,也可以使用绝对长度单位,具体如表3-1所示。

表3-1 CSS长度单位表

项 目	长度单位	说 明
相对长度单位	em	相对于当前对象内文本的字体尺寸
	px	像素,最常用

续上表

项　　目	长度单位	说　　明
绝对长度单位	in	英寸
	cm	厘米
	mm	毫米
	pt	点

其中，相对长度单位比较常用，推荐使用像素单位px，绝对长度单位使用较少。例如：

```
p { font-size: 18px; }
```

（2）font-family：字体

font-family属性用来设置文本的字体，网页中常用的字体有宋体、微软雅黑、黑体等。例如：

```
p { font-family: "黑体"; }
```

也可以同时指定多种字体，中间以逗号隔开，如果浏览器不支持第一种字体，则会尝试下一种字体，依此类推，来看一下具体例子：

```
body { font-family: "华文细黑","微软雅黑","宋体"; }
```

（3）font-weight：字体粗细

font-weight属性用于设置文本粗细，其可用属性值如表3-2所示。

表3-2　font-weight属性值表

值	说　　明
normal	默认值，定义标准字符
bold	定义粗体字符
bolder	定义更粗的字符
lighter	定义更细的字符
100～900（100的整数倍）	定义由细到粗的字符，400相当于normal

一般情况下，font-weight使用最多的属性值为normal和bold。

（4）font-variant：变体

font-variant属性用于设置文本的变体样式，一般用于定义小写字母，仅对英文字符有效。其可用属性值有：

● normal：默认值，浏览器会显示标准的文本字体。

● small-caps：浏览器会显示小写字母的大写字符，即所有小写字母会变成大写字母。但是所有使用小型大写字体的字母与其余文本相比，其字体尺寸更小。

（5）font-style：字体风格

font-style属性用于设置文本的字体风格，如设置斜体、倾斜或正常字体，其可用属性值如下：
- normal：默认值，浏览器会显示标准的字体样式。
- italic：浏览器会显示斜体的字体样式。
- oblique：浏览器会显示倾斜的字体样式。

（6）font：综合设置字体样式

font属性用于对文本的字体样式进行综合设置，其基本语法格式如下：

```
选择器{ font: font-style font-variant font-weight font-size/line-height font-family; }
```

使用font属性时，必须按上面语法的顺序书写属性及属性值，各个属性以空格隔开。其中，line-height为行高属性。

例如，下面是随意编写的段落样式：

```
p {font-family: Arial, "黑体"; font-size: 24px; font-style: italic; font-weight: bold; font-variant: small-caps; line-height: 38px; }
```

可以利用font综合设置字体样式，简化上面的代码：

```
p { font: italic small-caps bold 24px/38px Arial, "黑体"; }
```

2. CSS文本外观属性

使用HTML可以对文本外观进行简单的控制，但是效果不理想。为了能更好地控制文本外观，CSS提供了一系列的文本外观样式属性，具体如下：

（1）color：文本颜色

color属性用于设置文本的字体颜色，其属性值有如下三种：
- 预定义的颜色值，如red, green, blue, yellow等。
- 十六进制值，如#fff000, #ff5500, #28de33等。在实际网页设计中，经常会使用十六进制值。
- RGB值，如红色可以表示为（255, 0, 0），蓝色表示为（0, 0, 255）等。

（2）letter-spacing：字符间距

letter-spacing属性用于定义文本的字符间距，所谓字符间距就是指字符与字符之前的空白。其属性值可以有不同单位的数值，也允许使用负值，默认值为normal。

（3）word-spacing：单词间距

word-spacing属性用于设置英文单词之间的间距，对中文字符无效。和letter-spacing一样，其属性值可以有不同单位的数值，也允许使用负值，默认值为normal。

（4）line-height：文本行间距

line-height属性用于设置文本的行间距，所谓行间距是指行与行之间的距离，即字符的垂直间距，一般也称为行高。

line-height属性常用的属性值单位有三种，分别是像素px、相对值em和百分比%，通常使用最多的是像素和相对值。

（5）text-transform：文本转换

text-transform属性用于转换英文字符的大小写，其可用的属性值如下：

- none：正常文本默认值。
- capitalize：首字母大写。
- uppercase：全部字母都为大写。
- lowercase：全部字母都为小写。

（6）text-decoration：文本装饰

text-decoration属性用于设置文本的下划线、上划线、删除线等文本效果，其可用的属性值如下：

- none：正常文本默认值。
- underline：下划线。
- overline：上划线。
- line-through：删除线。

（7）text-align：水平对齐方式

text-align属性用于设置文本内容的水平对齐，相当于html中的align对齐属性。其可用的属性值如下：

- left：默认左对齐。
- right：右对齐。
- center：居中对齐。

（8）text-indent：首行缩进

text-indent属性用于设置文本首行缩进，其属性值可为不同单位的数值、em字符宽度的倍数，或相对于浏览器窗口宽度的百分比%，允许使用负值，建议使用em字符宽度的倍数作为设置单位。

（9）white-space：空白符处理

white-space属性用于处理空白符。在使用HTML制作网页时，不论源代码中有多少空格，在浏览器中只显示一个空格。在CSS中，使用white-space属性可设置空白，其可用的属性值如下：

- normal：常规，默认值，文本中的空格、空行无效，满行后自动换行。
- pre：预格式化，按文档的书写格式保留空格、空行原样显示。
- nowrap：空格、空行无效，强制文本不能换行，除非遇见换行标记
。内容超出元素的边界也不换行，若超出浏览器的显示范围，则会自动增加滚动条。

任务3　CSS 高级特性

课前导学

前面，我们学习了CSS基础选择器、CSS控制文本样式，并不能良好地控制网页中元素的显示样式。想要使用CSS实现结构与表现的分离，解决网页设计中出现的CSS调试问题，就需要学习CSS高级特性。本任务将对CSS复合选择器、CSS层叠性与继承性及CSS优先级进行详细的讲解。

知识储备

1. CSS复合选择器

复合选择器是由两个或多个基础选择器，通过不同的方式组合而成的，具体如下：

（1）CSS后代选择器

后代选择器可以选择作为某元素后代的元素。可以定义后代选择器来创建一些规则，使这些规则在某些文档结构中起作用，而在另外一些结构中不起作用。举例来说，如果希望只对h1元素中的em元素应用样式，可以这样写：

```
h1 em { color: red; }
```

（2）CSS子选择器

与后代选择器相比，子选择器（child selector）只能选择作为某元素子元素的元素。如果不希望选择任意的后代元素，而是希望缩小范围，只选择某个元素的子元素，可使用子元素选择器。例如，如果希望选择只作为h1元素子元素的strong元素，可以这样写：

```
h1>strong { color: blue; }
```

（3）CSS相邻兄弟选择器

相邻兄弟选择器（adjacent siblings selector）可选择紧接在另一元素后的元素，且二者有相同父元素，如果需要选择紧接在另一个元素后的元素，而且二者有相同的父元素，可以使用相邻兄弟选择器（adjacent siblings selector）。例如，如果要增加紧接在h1元素后出现的段落的上边距，可以这样写：

```
h1+p {margin-top: 48px;}
```

（4）CSS通用选择器

为所有相同的父元素中位于p元素之后的所有ul元素设置背景：

```
p~ul {background: #ffee00;}
```

2. CSS层叠性与继承性

所谓层叠性是指多种CSS样式的叠加。所谓继承性是指书写CSS时，子标记会继承父标记的某些样式，如文本颜色和字号，并不是所有的CSS属性都可以继承。例如下面的属性就不具有继承性：边框属性，定位属性，内、外边距属性，布局属性，背景属性，元素宽高属性。

3. CSS优先级

定义CSS样式时，经常出现两个或更多规则应用在同一元素上，这时就会出现优先级的问题。例如，如下格式代码：

```
<p class= "father" id= "header" >
<strong class= "green" >文本的颜色</strong>
</p>
```

对应的权重值如下所示：

p strong { color: black }　　　　　　　　/*权重为：1 + 1 */
strong.blue { color: green }　　　　　　　/*权重为：1 + 10 */
.father strong { color: yellow }　　　　　　/*权重为：10 + 1 */
p.father strong { color: orange }　　　　　/*权重为：1 + 10 + 1 */
p.father.blue { color: gold }　　　　　　　/*权重为：1 + 10 + 10 */
#header strong { color: pink }　　　　　　/*权重为：100 + 1 */
#header strong.blue { color: red }　　　　/*权重为：100 + 1 + 10 */

在考虑权重时，还需要注意一些特殊的情况，具体如下：

- 继承样式的权重为0。
- 行内样式优先。
- 权重相同时，CSS遵循就近原则。
- CSS定义了一个! important命令，该命令被赋予最大的优先级。

注意：复合选择器的权重为组成它的基础选择器权重的叠加，但是这种叠加并不是简单的数字之和。

●●● 项目总结 ●●●

我们通过本项目的学习，掌握了解了CSS样式规则，掌握了CSS字体样式及文本外观属性，熟悉了CSS复合选择器，并掌握了CSS层叠性、继承性与优先级。

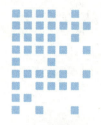

项目四
网页界面布局设计

本项目主要介绍网页界面布局设计，网页中的每个元素都可以看作是一个矩形的盒子，通过设置盒子的边距与浮动等属性，可以构建不同的网页布局。所谓布局，就是设置网页中各模块及模块中各元素的位置，它是网页制作的基础。

知识目标

- ◇ 了解主页大小。
- ◇ 掌握设计主页大小的方法。
- ◇ 掌握文本设置的方法。
- ◇ 了解导航栏的样式及位置。
- ◇ 掌握矩形的绘制调整方法。

能力目标

- ◇ 掌握利用PS设计网页界面。
- ◇ 掌握利用PS制作主页的方法与策略。

素质目标

- ◇ 培养学习网页布局，提升网页设计与制作的能力。
- ◇ 培养逻辑思维能力及实训操作能力。
- ◇ 培养开源精神，懂得互利共赢。
- ◇ 培养个人自主探究能力及小组协作学习能力。

项目四 网页界面布局设计

任务1　PS网页界面设计概念

课前导学

版式设计的目的就是合理布局和设计网页版面，高效地传递视觉信息，充分吸引浏览者。版面设计需要符合人的视觉习惯，避免使浏览者产生疲劳感，强化页面的主从关系，安排合理的视觉流程。要学会使用Photoshop软件（又称PS），这是做平面设计必不可少的一款软件。这款软件是最常用也是最容易掌握的一种设计软件，操作起来也很方便。

知识储备

1. 网页界面布局

（1）全宽和盒宽网页布局

随着网站建设门槛的降低，很多新手都想要制作自己的网站。在全宽网页布局模板中，背景延伸到屏幕的整个宽度。网站看起来没有边界，这是现代网页设计中流行的布局类型，因为它很适合移动响应式网站。如果有很多图片、视频等内容，那么全宽是一个很好的选择。注意，在这个网站模板中，背景图片会自动调整到适应屏幕大小，因此背景顶部的内容可能会根据屏幕的大小而移动，所以尽量不要添加太多复杂内容。

盒宽布局的网站在左侧和右侧都有可见的框架，因此网站看起来被包含在内一样。内容获得固定的宽度，它们不会随着屏幕大小的变化而变化，如图4-1所示。

扫一扫

PS网页设计

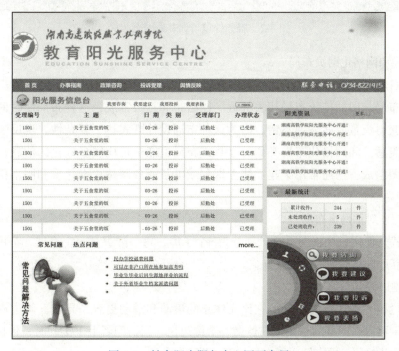

图4-1　教育阳光服务中心网页布局

（2）静态头图片和幻灯片头网页布局

很多网站都会有一张静态的头图banner，可以在图片上添加标题、副标题或其他说明文案以吸引用户。一般来说，图片banner可以是一张大的海报，也可以是动态轮播图，或者也可以用一张gif动图来展示，这样能够让网站显得更加活泼，展示更多信息。在吸引用户注意力方面，动图有时比静态图片有效得多。如果使用得当，它们可以以一种与用户产生良好共鸣的方式传达网站的信息，从而打动用户，服务外包培训基地网页布局如图4-2所示。

图4-2　服务外包培训基地网页布局

（3）卡片式和网格化网页布局

如果想吸引用户注意力，网格化网页布局设计是非常理想的。考虑到吸引用户注意力的风格和目的，网格布局与旧的传统布局相去甚远。网格布局打破常规，这种布局使时尚、设计和商城等组合网站在获得流量方面表现不错，因为这种布局设计既表达了复杂性，也反映了网站的主要功能，还兼具美感。和网格化布局类似，卡片式布局也能呈现比较多样化的信息，它可以由盒子或卡片、缩略图组成，这通常用于建立线上课程或电子商务网站，卡片式和网格化网页布局，如图4-3所示。

（4）分屏与非对称网页布局

分屏布局就是使用色块将网页背景划分为N个子屏，每一屏都是一个容器，都可以用来承载一种信息。一般有垂直和水平两种呈现方式。

（5）固定侧边栏

固定侧边栏是一种理想的布局，它比无休止的滚动和滑动更容易导航。侧边栏是放置网站内容选单的部分。可以在屏幕的左侧或右侧做一个侧边栏，当访问者上下滚动时，他们可以轻松进入"预订"或"立即购买"，固定侧边栏布局如图4-4所示。

图 4-3　卡片式和网格化网页布局

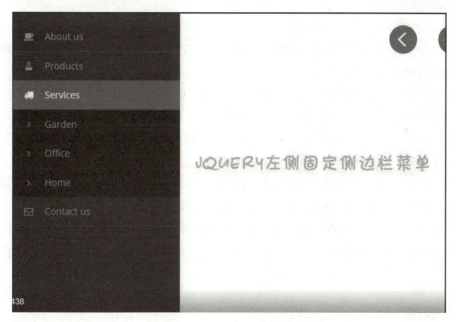

图 4-4　固定侧边栏布局

（6）大标题排版

随着移动性设计的兴起，大字体的排版设计得到了普及。大号字体在标题和副标题中特别受欢迎，有时在某些网站的正文中也可以看到。这样的布局方式能够使网站内容被用户快速注意到。

另外，要想把网站设计得美观，除了要注重布局方式，还要重视整体风格颜色的统一。如果在建站的时候没有主题，想到什么添加什么，不注重各版块的逻辑性和整体的统一性，就会导致网站看起来非常乱,访客也没有继续浏览网站的心情。所以在设计网站的时候,要在色彩搭配、整体风格、字体上保持一致性和协调性,让视觉效果看起来和谐,这样也有助于加深访客对你的品牌记忆,大标题排版如图4-5所示。

图4-5　大标题排版

2. PS网页设计

(1)如何用PS做网页设计

如果要生成网页,直接用切片工具切好,然后存储为Web所用格式,选择格式为html即可。

(2)如何用PS制作网页模板

网页中的元素有很多,如banner条、文本框、文字、版权、Logo、广告等。尽量把这些相对独立的元素放在不同的图层中,这样方便以后的再编辑。不过图层一多,就显得很凌乱,可建立多个图层组来进行管理。单击图层面板右上角的小三角按钮,从弹出菜单中选择"新建组"命令,在随后出现的对话框中为新建组取一个名称(如"网页顶部"),单击"确定"按钮即可。这时图层面板中多出一个文件夹图标,即图层组。把相关联的图层都拖放到同一组中,比如网页顶部的所有元素,标题、菜单、Logo等都放到"网页顶部"组中。同样方法可以建立多个组,在组的下面还可以建立子组。单击图层组前面的小三角按钮,就可以像文件夹一样展开或折叠,要修改某个元素也能很容易找到。对同一组中的所有图层可以方便地进行统一操作,如整体复制、删除、隐藏、合并等。

任务实战

1. 任务内容

综合应用网页界面布局和色彩搭配,实现网页设计效果如图4-6所示。

2. 操作步骤

①启动Photoshop,新建一个宽为1 003像素,高为1 416像素的画布,填充一个背景色,新建文档,如图4-7所示。

②先绘制一个网页排版的版式图,效果如图4-8所示。

项目四 网页界面布局设计

图 4-6 湖南交通工程职业技术学院网页（部分）设计效果

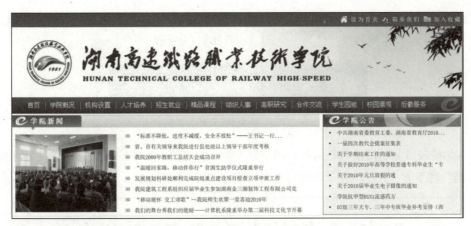

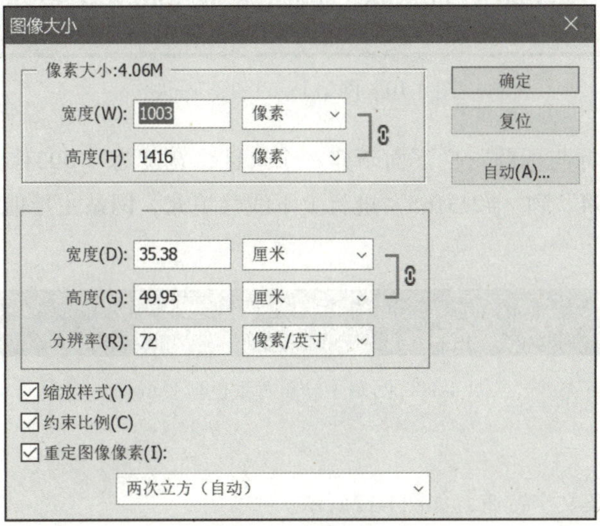

图 4-7 新建文档

图 4-8 湖南交通工程职业技术学院网页（部分）手工设计效果图

③在画布顶部居右上角位置设计"设为首页""联系我们""加入收藏"三个图文按钮。背景填充深蓝色"#005ba6",本网站以蓝色为主色调,效果如图4-9所示。

图4-9 "设为首页 联系我们 加人收藏"栏效果

④导入学校校徽和学校校名的图片,调整好校徽和校名的大小和位置,放在"设为首页 联系我们 加入收藏"栏下方,并配学校景色图片进行搭配,如图4-10所示。

图4-10 网站 logo 图标与标题

⑤在"网站logo图标与标题"栏下面新建一个选区,宽度为 1 003像素,高度为39像素,并利用渐变色彩"#3d6694"到"#213f65"进行上下线性填充,网站主导航背景色条效果如图4-11所示。

图4-11 网站主导航背景色渐变填充

⑥添加网站主导航条文字按钮,如图4-12所示。

图4-12 网站主导航添加文字按扭导航

任务 2　湖南高铁职院首页 PS 界面设计

课前导学

扫一扫
网站首页设计

本案例将设计"湖南高铁职院"网站的页面效果图。主页效果图的设计是一个网站的重中之重。在制作本案例时,通过客户发送来的相关资料,决定主色调采用素雅、大方的配色,重点色为深蓝色,点睛色为绿色,并且整个网页设计风格为简约风。本例的参考效果湖南高铁职院网站首页,如图4-13所示。

项目四　网页界面布局设计

图 4-13　湖南高铁职院网站首页

 知识储备

1. 色彩搭配

在网页设计中，色彩搭配是至关重要的一个要素。基于1 280宽高的尺寸，给网站选定一套统一的色系十分重要。选择一套主题色，然后根据这个颜色去搭配其他各种颜色和色调。不仅可以让网页看起来更加协调和有序，而且可以给用户带来更好的视觉体验。

2. 布局设计

网页的布局设计也是令人关注的一个要素。在设计网页时，应该进行可视化的布局计划。响应式布局是一个重要的工具，能够在不同尺寸的屏幕上呈现最佳的效果。因此，在设计时要注意整体上的布局，尽量让各元素之间流畅连接，以便用户能够更加便捷地访问网站的各项内容。

3. 内容清晰

无论在哪个尺寸下，优质的内容都是网页成功的关键要素。而在1 280宽的尺寸下，尤其需要把重心放在内容的清晰度上。对于要突出的特定内容，可以通过粗体、颜色、图表等方式进行突出。此外，排版也是一项重要的内容设计工作，要求排版工作中注重美观性和易读性之间的平衡。

4. banner广告

banner广告是一种在线展示广告，可以将流量引向特定的着陆页。它们出现在网站上的显眼位置，可以是静态的也可以是动态的。通常，横幅广告可以在网页的顶部或底部找到，尽管它们有时也出现在内容的正文中间。

banner位于网页顶部、中部、底部任意一处，但是横向贯穿整个或者大半个页面的广告条。banner是互联网广告中最基本的广告形式，尺寸是480*60像素，一般使用gif格式的图像文件，可以使用静态图形，也可用多帧图像拼接为动画图像。

banner 一般翻译为网幅广告、旗帜广告、横幅广告等。banner广告图只是设计工作的一小部分，掌握效率是关键。制作banner主要从三方面着手：风格、排版、配色。

（1）风格

选定风格，这一步需要跟需求方确认。需求方在没有给出要求的时候，根据要表达的主题，选定相似的风格例子，进行确定。沟通是关键，清楚要做成什么风格的（风格类型大致有：时尚风、复古风、清新风、炫酷风、简约风）。

（2）排版

版式是骨骼，怎么处理好图片、文字之间的关系，使版面达到美观的效果呢?掌握banner排版的六大原则，总结应用常用版式。

banner排版的六大原则：对齐原则、聚拢原则（亲密性）、重复原则、对比原则、留白原则（留出空间，减少压迫感）、降噪原则（颜色过多、字体过多、图形过繁）。

文字的排版设计：这部分是banner的重点，要求突出重点、大小粗细错落有致，适当加些创意图形，与文字相结合。

（3）配色

色彩是情绪与气质，要清楚表达什么样的情感，符合怎样的主题。不同的色彩给人不同的感受。

任务实战

1. 任务内容

根据前期的分析与设计，完成湖南高铁职院网站的页面效果图的设计与制作。

2. 操作步骤

（1）设计网页头部

打开Photoshop CS6软件，新建文件大小为1 200 × 3 436 px，宽度(W): 1 200像素；高度(H):3 436像素；分辨率(R): 300像素/英寸；颜色模式(M):RGB颜色，16位；背景内容(C):白色，新建文档，如图4-14所示。

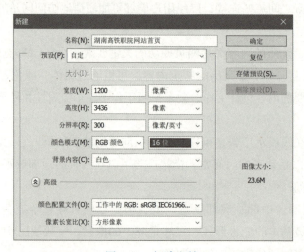

图 4-14 新建文档

单击菜单栏中的"视图"→"标尺"命令调出标尺；或者使用【Ctrl+R】组合键，即可调出标尺，如图4-15所示。

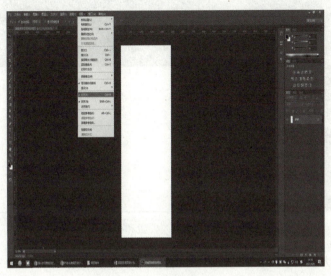

图 4-15　调出标尺

将鼠标放到标尺处，按住并拖动到中间，若需精确的辅助线，先右击"标尺"，在弹出的快捷菜单中选择"单位"→"视图"→"新建参考线"命令。

例如需要正中间辅助线，输入位置点，单击"确定"即可。用移动工具按住辅助线可以调整位置，按住【Alt】键，单击辅助线可以将竖直线的辅助线变为水平线。设置横向参考线像素为100像素，如图4-16所示。

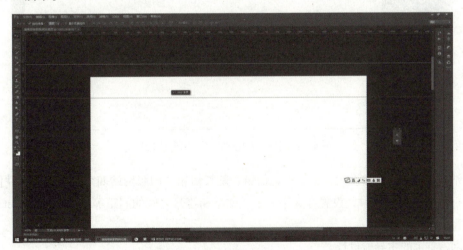

图 4-16　设置横向参考线

从网页素材库里找到湖南高铁职院的校徽和校名，校徽和校名之前已经处理过，把图像的背景进行扣图操作，背景已经为透明，所以只需把这两张GIF图片拖到湖南高铁职院网站界面中，插入校徽和校名，如图4-17所示。

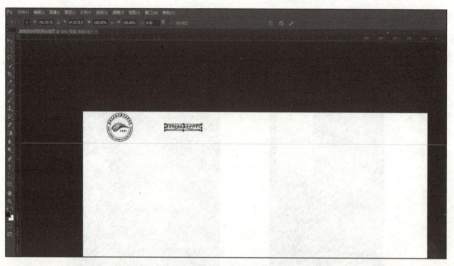

图 4-17 插入校徽和校名

再对图片进行放大或缩小处理,把校徽和校名插入到合适的位置,如图4-18所示。

图 4-18 把校徽和校名移动到合适位置

在网站顶部banner添加设为首页、书记信箱、院长信箱、旧版网站四个文字导航,并使用PS文字工具进行添加文字和符号,设置好文字大小、文字和符号之间的间距等等,顶部banner的设置如图4-19所示。

(2)网站首页的主导航设计

设置网站首页的主导航,使用矩形工具选取框再设置"样式"为固定大小,宽为1 200像素,高为120像素,把矩形选区的宽度对准网页的宽度,矩形选区的顶端对齐顶部banner的下边框,并且给矩形选区填充蓝色,如图4-20和图4-21所示。

扫一扫

网站首页
主导航设计

项目四　网页界面布局设计

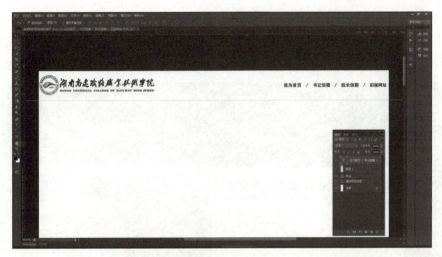

图 4-19　顶部 banner 的设置

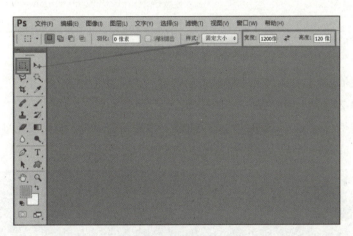

图 4-20　设置矩形选区

图 4-21　放置选区位置

右击选区,在快捷菜单中选择"填充"命令,或单击"编辑"→"填充"命令,也可通过快捷方式填充,【Ctrl+Del】组合键填充背影色,【Alt+Del】组合键填充前景色。把前景色设为蓝色,如图4-22所示。

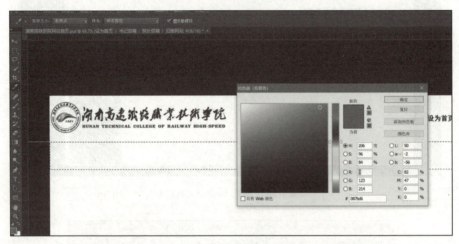

图 4-22　设置填充蓝色

通过工具箱里的文字工具,添加主导航条的文字,并设置好文字的大小、颜色、主导航文字之间的间距等,如图4-23和图4-24所示。

制作搜索小图标,单击工具箱里的自定义形状,设置填充白色。自定义形状选择放大镜,追加全部图标,然后在选区画一个放大镜图标,如图4-25和图4-26所示。

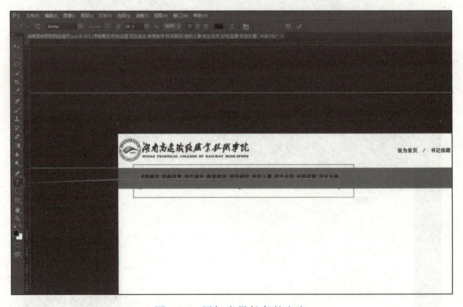

图 4-23　添加主导航条的文字

图 4-24　设置文字的大小、颜色、主导航文字之间的间距

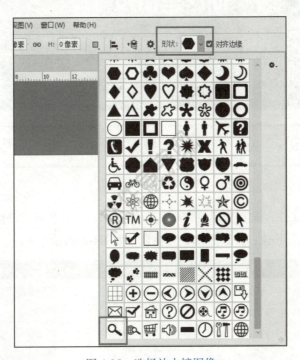

图 4-25　选择放大镜图像

图 4-26　最终顶部 banner 和主导航条效果

（3）banner广告设计

banner广告是由几张广告图相互切换产生的图片动画，通过PS来设计时，只需做好几张banner广告图片即可，在做广告之前，要先确定广告图片的大小、主色调采用什么颜色、主要用几张广告图片在网页里面相互切换出现。本任务中广告采用1 200像素（宽）*360像素（高），本任务由几张图片再加文字简单制作一个广告，如图4-27所示。

图4-27　banner广告

打开PS软件，新建文件，宽度(W)为1 200像素；高度(H)为360像素；分辨率(R)为300像素/英寸；颜色模式(M)为RGB颜色，16位；背景内容(C)为白色，如图4-28所示。

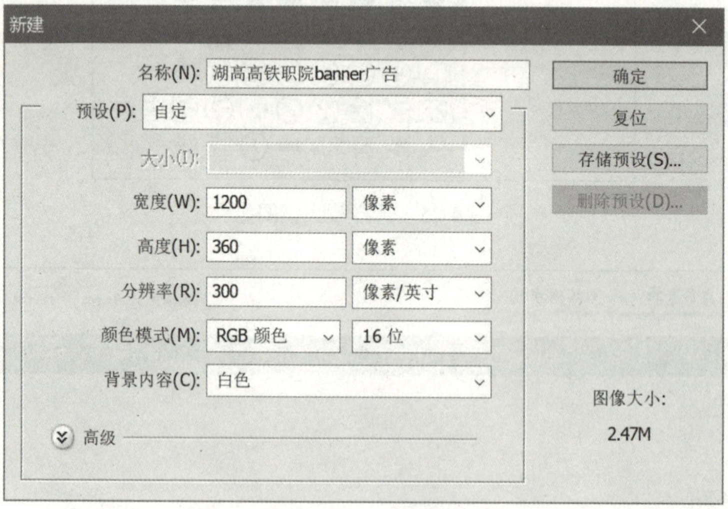

图4-28　新建文档参数

网上查找跟高速铁路相关的高清图片和湖南高铁职院的相关图片，通过PS合成banner广告图片，如图4-29所示。

使用简单的广告制作方法，用几张图片通过蒙版图层和渐变工具结合，制作借助渐变蒙版实现两张图片过渡拼接效果。

图 4-29　查找高速铁路和学校景色素材图片

先把学校景色和高铁机车的图片素材插入到"湖南高铁职院banner广告"psd文件里，选择"选择工具"，再选中"显示变换控件"复选框。这时图片周围显示八个控制点，用鼠标拖动可以改变素材的大小。调整图片素材的大小，如图4-30所示。

图 4-30　插入图片素材

选中高速列车素材图层，给高速列车图层添加一个图层蒙版，如图4-31所示。

选择渐变工具，设置前景色为白色，背景色为黑色，对蒙版进行填充，这里选择的是线性渐变，多尝试几次，最后得到的效果如图4-32所示。

添加banner广告文字，初学者可以从网上下载一些艺术字体。把"梦"字的颜色改为黄色，并双击"梦"字图层，给"梦"字添加描边，描边大小为2像素，位置设为：内部，混合模式：正常，不透明度：100%，填充颜色：白色，如图4-33所示。

图 4-31　添加图层蒙版

图 4-32　通过蒙版图层合成图像

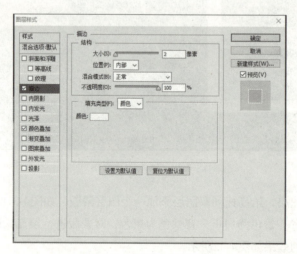

图 4-33　图层样式之描边

最终效果,如图4-34所示。

图 4-34　最终 banner 广告

(4)学院导航版块设计

因网页的宽度是1 200像素,所以各学院的导航按钮加起来为1 200像素,总共是七个学院的导航按钮,即1 200平均分成七份。我们先从上往下制作。最上面是一条宽1 200像素,高为3像素的七段彩色线条。绘制彩色线条有很多种方法,平均一个按钮宽度为171像素。绘制完线条以后,再制作下面的按钮,按钮的上面是一个铁路标志符号,下面是相应的学院名称,学院导航效果如图4-35所示。

图 4-35　学院导航效果

在湖南高铁职院的首页上,选取矩形工具,设置矩形选区的样式为固定大小,宽度为171像素,高为3像素,分别绘制七条连接在一起彩色线条,七条线的色彩可以根据自由搭配,如#087bd6、#33ad95、#f29400、#24a9e6、#69ba4d、#a26402、#00c8cf,设置线条参数,如图4-36所示。

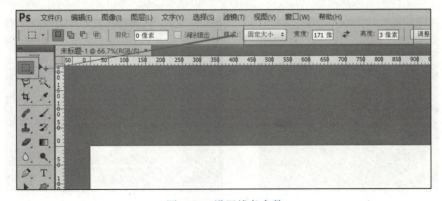

图 4-36　设置线条参数

添加色彩，如图4-37所示。

图 4-37　添加色彩

添加铁路标志符号和按钮文字，铁路标志符号可以自己绘制，也可以从网络搜索下载，然后对铁路标志做一个处理，比如把背景扣除掉了，然后再填充上自己需要的色彩背景。打开铁路标志文件（背景色为纯色，这里是白色背景），选择魔棒工具，如图4-38所示。

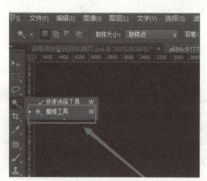 

图 4-38　选择魔棒工具

单击想要消除的白色背景，出现选区说明白色背景已被选中，如图4-39所示。
单击键盘上的【Del】键删除选中的选区，图片的白色背景已经变成了透明背景，如图4-40所示。

图 4-39　选中白色背景　　　　　　　　图 4-40　透明背景

首先将两张图片在PS软件中打开，上面会出现两个文件，如图4-41所示。

图 4-41　文档显示

在需要拖动的"铁路标志"图片文件中找到图层0，在图层0右击选择"复制图层"命令，然后就会增加一个图层0副本，如图4-42所示。

图 4-42　复制图层

然后在另外一张图片中，如图4-43所示。

图 4-43　选中图层

单击标题，把"铁路标志"图片文件的名称向下拖，如图4-44所示。

图 4-44　选择另外一个文件

单击"铁路标志"图片文件，然后按【Ctrl+A】组合键，单击右边工具栏的第一个拖动工具，直接拖到"湖南高铁职院网站首页".psd图片文件中，如图4-45所示。

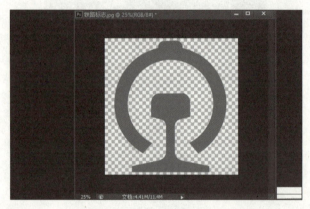

图 4-45　拖动图层

这样就把铁路标志图片拖入湖南高铁职院首页文件里，如图4-46所示。

图 4-46　把铁路标志拖入到文件效果图

把二级学院的按钮名称依次输入，同时复制一个铁路标志，并且把铁路标志的色彩设置为#737171，复制六个一模一样的灰色铁路标志，按一定的距离排好，如图4-47所示。

图4-47　最终学院导航版块效果图

（5）学院要闻版块设计

学院要闻版块设计效果，如图4-48所示。

图4-48　学院要闻版块设计效果

学院要闻版块排版相对简单，采用左大右小的排版方式，左边是五张图片依次切换的图片新闻内容，右边是五篇文字新闻从上到下排列。右上方再添加一个"更多要闻"按钮，学院要闻版块设想图，如图4-49所示。

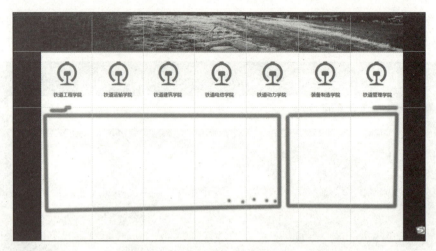

图 4-49　学院要闻版块设想图

打开湖南高铁职院首页psd源文件，在二级学院按钮下面，设计一个版式为左大右小的学院要闻版块，采用左图右文的排版方式。图片要闻效果如图4-50所示。

图 4-50　图片要闻效果

用工具箱里的矩形选框工具绘制一个长方形的选区，宽度为378像素，高度为544像素，并且为选区填充#087bd6颜色，然后取消选区，如图4-51所示。

单击钢笔工具，确保选项栏钢笔工具设置为"形状"而不是"路径"，如图4-52所示。

确保填充颜色为白色，将描边线条设置禁止使用，并且打开线条框，选择虚线，如图4-53所示。

项目四　网页界面布局设计

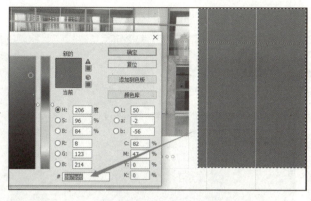

图 4-51　选区填充颜色

图 4-52　钢笔工具形状

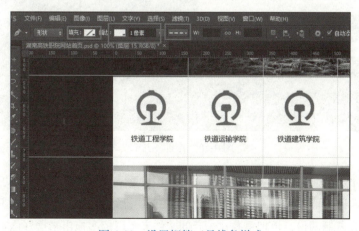

图 4-53　设置钢笔工具线条样式

用钢笔工具在画布上以虚线绘制线条，如图4-54所示。

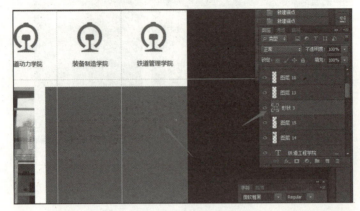

图4-54　用钢笔工具绘制线条形状

新建一个图层，用矩形选区工具绘制长方形选区，宽度为60像素，高度为25像素，并且填充#268fe2颜色，如图4-55所示。

图4-55　绘制长方形选区并填充颜色

用同样的方法再绘制一个一样大小的长方形，填充颜色为白色，并且在上面的长方形中添加文字月日，在下面的白长方形中添加文字年。调整长方形和白色虚线距离，如图4-56所示。

图4-56　添加年月日

通过文字工具添加新闻标题文字，新闻标题采用上下两行文字来显示，然后再在图层面板新建一个文件夹，把年月日和新闻标题文字层、两个长方形图层、虚线层拖入新建文件夹里，如图4-57所示。然后再把文件夹复制四份，再把重叠在一起的文件夹图层依次拖出来摆好位置，如图4-58所示。

项目四 网页界面布局设计　63

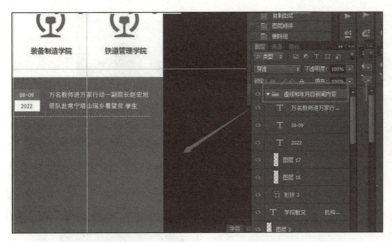

图 4-57　把日期、长方形、虚线、新闻标题拖到新建的文件夹里　　图 4-58　学院要闻最终设计效果

（6）媒体聚焦和校园公告版块设计

媒体聚焦和校园公告版块设计思路，如图4-59所示。

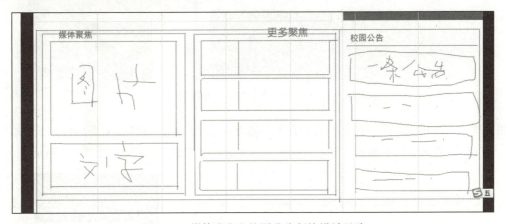

图 4-59　媒体聚焦和校园公告版块设计思路

这个版块分了两部分，设计排版方法是左大右小，左边占三分之二，设计"媒体聚焦"版块，再在右上角增加一个"更多聚焦"的超链接文字按钮；校园公告版块同时能够显示4～5条公告，再在校园公告版块右上角增加一个"更多公告"的超链接文字按钮。

校园公告栏跟学院要闻栏大小都是一样的，可以把"学院要闻"栏的蓝色背景的复制到"校园公告"栏当背景，然后把背景颜色修改为#33ad95颜色。再新建一个图层，再选择长方形选区，选区的样式改为固定大小，宽度(w)为378像素，高度(H)为544像素，然后把选区填充颜色#33ad95，"校园公告"栏背景填充如图4-60所示。

新建一个图层，用矩形选框工具绘制长方形选区，宽为60像素，高为25像素。并且填充#6cceb5颜色，如图4-61所示。

图 4-60　学院公告栏背景填充

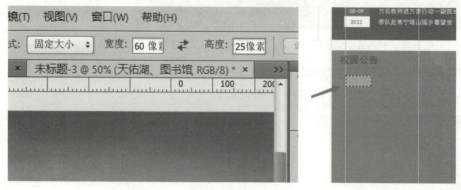

图 4-61　长方形选区大小设置

用同样的方法再绘一个一样大小的长方形，填充颜色为白色，并且在上面的长方形中添加文字月日，在下面的白长方形中添加文字年。调整好长方形和白色虚线的距离，如图4-62所示。

图 4-62　另一个长方形填充颜色

通过文字工具添加新闻标题文字，新闻标题内容用上下两行文字来显示，然后再在图层里新建一个文件夹，把年月日和新闻标题文字层、两个长方形图层、虚线层拖入新建文件夹里，如图4-63所示。

然后把文件夹复制三份，再把重叠在一起的文件夹图层依次拖出来摆好位置。

用钢笔工具和画笔工具绘制一个 声音图标，新建一个图层，用钢笔工具绘制出小图标的一部分，然后仔细地修改路径，如图4-64所示。

项目四　网页界面布局设计

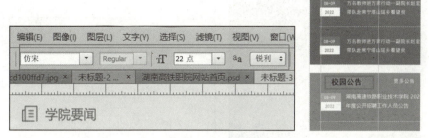

图 4-63　输入校园公告和更多公告标题

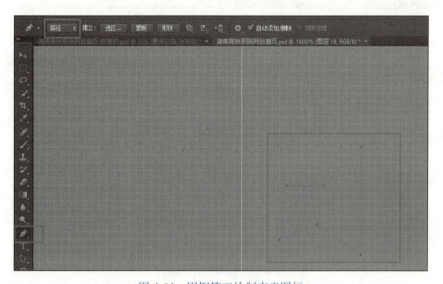

图 4-64　用钢笔工绘制声音图标

修改完成以后，再找到"路径"面板，把刚才绘制的路径转为选区，如图4-65所示。

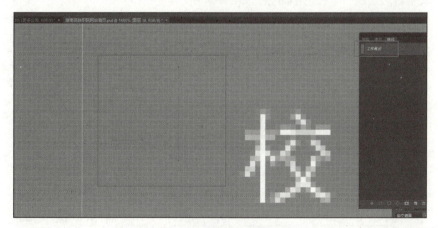

图 4-65　路径转为选区

然后为选区线条描边，描边宽度为1像素，描边颜色为白色，位置居中，描边完成后再取消选区，如图4-66所示。

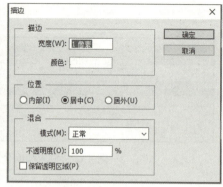

图 4-66　给选区线条描边

新建一个图层,再选中椭圆选框工具,绘制两个一大一小的圆,分别描边,再通过矩形选框工具删除部分线条,合并图层就手工制作成功一个小图标,如图4-67所示。

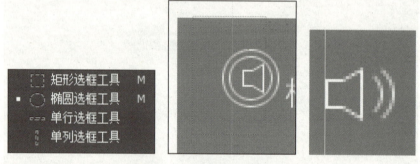

图 4-67　最终声音小图标

再新建一个图层,从自定义形状工具里选择形状,追加全部形状,选择横向右箭头符号,在"更多公告"文字右边绘制一个白色小图标,如图4-68所示。

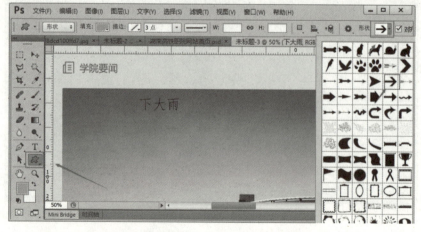

图 4-68　在形状工具里选横向右箭头

绘制箭头后效果如图4-69所示。

图 4-69　绘制箭头后效果

左边的媒体聚焦版块用同样的方法制作，用矩形选框工具、椭圆选框工具、多边形索套工具制作小图标。再给"更多聚焦"右侧添加一个横向箭头小图标，如图4-70所示。

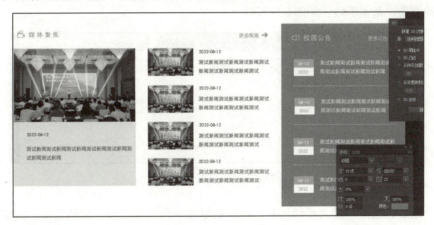

图 4-70　绘制小图标

（7）最新专题版块设计

最新专题版块的排版方式是左中右三栏，平均分配，大小统一。专题栏一次只显示三个专题，显示方式以全版的图片代替文字。在后期网站维护时，要添加新的专题时只需要把专题的标题内容放在图片里即可，处理起来比较简单，如图4-71所示。

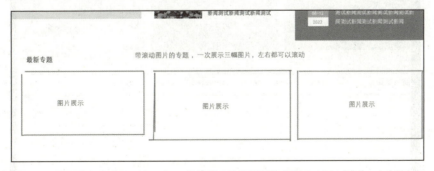

图 4-71　最新专题版块设计思路

最新专题版块设计效果图，如图4-72所示。

图 4-72 最新专题版块设计效果图

（8）友情链接版块设计

友情链接，也称为网站交换链接、互惠链接、互换链接、联盟链接等，是具有一定资源互补优势的网站之间的简单合作形式，即分别在自己的网站上放置对方网站的Logo图片或文字的网站名称，并设置对方网站的超链接，使用户可以从合作网站中发现自己的网站，达到互相推广的目的，因此常作为一种网站推广基本手段，如图4-73所示。

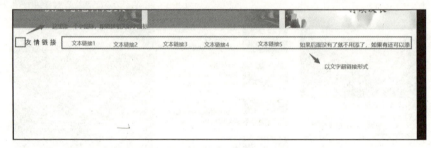

图 4-73 友情链接版块设计思路

新建一个图层，通过自定义形状工具，在形状里选一个比较适合"友情链接"的小图标，小图标的色彩跟"友情链接"四个字颜色一致。小图标尺寸比"友情链接"字体大一点点就可以了，然后在"友情链接"这一栏添加几个友情链接的网站，以文字形式做超链接。友情链接的数量视情况而定，太小太大都不好看，效果如图4-74所示。

图 4-74 输入友情链接文字

(9)常用服务和关注我们版块设计

常用服务版块主要放置经常需要用的网络系统平台,比如财务系统、教务系统、图书馆、办事大厅、知识之窗、一卡通、到梦空间、举报建议、OA系统等。关注我们版块可以放微信公众号和新浪微博等一些公众系统。设计这个版块时,可以根据实际来排版,如果系统平台比较多,那就把相应的文字图片做小一点;相反,如果系统平台不多,可以把图做大一点,或者做成图文相结合的方式。为了体现跟之前的版块的不同,这个版块采用蓝色背景,白色小图标,蓝白相结合,如图4-75所示。

图 4-75 常用服务和关注我们版块设计思路

新建一个图层,用矩形选框工具绘制一个矩形选区,这个选区大小不定,可以根据自己的需要定,这里以宽度为1 200像素,高度为300像素为例,填充选区颜色为蓝色(#087bd6),如图4-76所示。

图 4-76 填充背景

绘制大小合适的小图标,也可以到网上下载,这里以网上下载为例介绍。先到网上查找合适的小图标,要跟文字相适应,比如,财务系统小图标跟货币、金融相关,如图4-77所示。

图 4-77 金融相关小图标

常用服务和关注我们版块最终效果图，如图4-78所示。

图 4-78　最终效果

（10）网站底部版权信息版块设计

一般情况下，网站底部版权信息栏包含网站创作者的名称和联系方式，以及版权所属、工商局备案信息，以方便浏览者快速找到需要的内容。

版权声明是指作品权利人对自己创作作品的权利的一种口头或书面声明，一般版权声明应该包括权利归属、作品使用准许方式、责任追究等方面的内容。一份合格的版权声明应该包括声明的具体内容，如当事人、标的、履行、违约、价款、纠纷解决方式、数量、质量，版权所有人的个人信息，如版权人的联系方式、地址等信息。

常见的版权声明有如下几种：

①版权归本×××网站或原作者×××所有；

②未经原作者允许不得转载本文内容，否则将视为侵权；

③转载或者引用本文内容请注明来源及原作者；

④对于不遵守此声明或者其他违法使用本文内容者，本人依法保留追究权等。

版权所有是版权拥有者声明自己对该项作品拥有无可置疑的版权。

版权是对计算机程序、文学著作、音乐作品、照片、电影等的复制权利的合法所有权。除非转让给另一方，版权通常被认为是属于作者的。大多数计算机程序不仅受到版权的保护，还受软件许可证的保护。

版权只保护思想的表达形式，而不保护思想本身。算法、数学方法、技术或机器的设计均不在版权的保护之列。

新建一个图层，使用矩形选框工具，在"常用服务"栏下面选宽为1 200像素，高为100像素的矩形选区，也可以根据版权所有具体内容的多少调整高度，并且填充"#333333"颜色，如图4-79所示。

利用文字工具，输入相应的版权所有的文字，输入版权所有、通讯地址、联系电话、招生电话、邮编、教育备案、域名备案号、湘公网安备案号等。设置文字颜色为白色，调整文字大小、字体等，如图4-80所示。

图 4-79　填充版权所有栏背景

图 4-80　输入版权所有相关信息

设计网站时，如果网页的高不够或者预设高度太高，可以利用裁剪工具来调整，如图4-81所示。

图 4-81　裁剪多余的部分

通过裁剪工具裁剪完后的效果，如图4-82所示。

图 4-82　最终湖南高铁职院网站首页版面效果图

●●● 项目总结 ●●●

通过本项目的学习，主要掌握了：

一、网站的配色

主打色是浅绿、海蓝、宝蓝，兼具有一些校园元素，这样才能体现学校应有的学术性、稳重性和声望、精神等。只有这样学校网站才能给用户带来更适合的视觉效果和吸引更多学子报考。

二、网站的布局

美工设计人员不单要对色彩要有感觉，对布局也要有很好的把握，组合的好坏直接影响作品的效果。整体配色、字体、各模块的间距、插图、增减内容等各个方面需要仔细推敲。

三、网站的细节

对美工设计人员来说，这点也是非常重要的。比如背景色、色彩渐变、各组件间间距、标题样式、字体/大小/颜色、行/段间距、插图位置/边缘处理、输入框宽高/边框色/背景色、按钮的位置等。

四、用户体验度

一个网站如果美工设计得好，给人的第一印象非常好，这代表着人们可能还会停留在网站里面继续浏览，这样也大大提高用户体验度。同时也要保持美观、权威、明细等特性，比如人们来到了网站浏览，如果美工图片做得非常不清晰也会影响用户对整个网站的印象，还有广告图片的位置问题，要放在一些比较显眼的地方，同时不会影响到用户查看其他内容，对于广告的图片，也要突出专业性和真实感。用户体验是对美工更高的一个要求，甚至有点儿超越美工的范畴，但只有美工了解这些才能更合理地设计界面布局，整体搭配等等。

项目五
列表、表格及表单

本项目主要介绍网页中列表、表格及表单等HTML元素的使用，主要内容包括列表、表格及表单的基本概念、基本功能，每种元素相关的HTML标记及主要属性，以及如何应用相关元素完成网页中的列表效果、表格对象、表格布局及表单交互功能。

知识目标

◇ 了解列表、表格及表单的概念。
◇ 掌握列表的HTML标记及使用。
◇ 掌握表格的HTML标记及使用。
◇ 掌握表单的HTM标记及使用。

能力目标

◇ 掌握应用列表、表格进行排版。
◇ 掌握应用表格进行数据展示。
◇ 掌握应用表单元素根据需求设计表单。
◇ 掌握应用表单采集并处理数据。

素质目标

◇ 培养学生认真细致的学习态度。
◇ 培养学生善于观察、善于发现并解决实际问题的能力。
◇ 培养学生抽象思维能力及实践动手能力。
◇ 培养"化整为零"，分解复杂问题，并逐步解决问题的思维方式。

任务1 列表标记及应用

读者可以在课前通过查找资料了解HTML列表标记的语法、功能及应用，并利用互联网查找日常浏览的网站网页中有关列表的应用案例。

HTML列表能在网页中实现类似WPS文字排版软件中的项目列表功能，HTML支持有序、无序和自定义列表，相关的HTML列表标签如表5-1所示。

表5-1 HTML列表标签

标签	描述	标签	描述
<ol>	定义有序列表	<dl>	自定义列表
<ul>	定义无序列表	<dt>	自定义列表项目
<li>	定义列表项	<dd>	定义自定列表项的描述

1. 无序列表

无序列表是一个项目的列表，此列项目使用粗体圆点（·）进行标记。

无序列表使用<ul>标签表示，以下是示例代码：

```
<ul>
    <li>牛奶</li>
    <li>咖啡</li>
</ul>
```

以上代码在浏览器中运行效果如图5-1所示。

扫一扫
如何使用无序列表

- 牛奶
- 咖啡

图5-1 HTML 无序列表显示效果

2. 有序列表

扫一扫
如何使用有序列表

有序列表是一列项目，列表项目使用数字进行标记。有序列表使用<ol>标签表示。每个列表项使用<li>标签表示，以下是示例代码：

```
<ol>
    <li>牛奶</li>
```

```
        <li>咖啡</li>
</ol>
```

以上代码在浏览器中运行效果如图5-2所示。

图 5-2　HTML 有序列表显示效果

3. 自定义列表

自定义列表不仅仅是一列项目，而是项目及其注释的组合。自定义列表以<dl>标签开始。每个自定义列表项以<dt>开始。每个自定义列表项的定义以<dd>开始。

```
<dl>
<dt>咖啡</dt>
<dd>一种黑色的热饮料</dd>
<dt>牛奶</dt>
<dd>一种白色的冷饮料</dd>
</dl>
```

以上代码在浏览器中运行效果如图5-3所示。

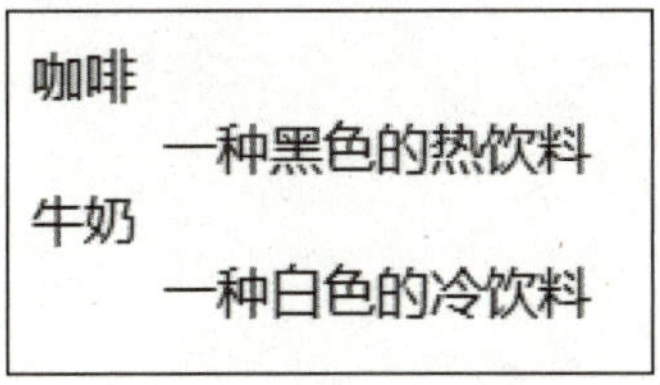

图 5-3　HTML 自定义列表显示效果

任务实战

1. 任务内容

综合应用列表标记，实现嵌套列表效果，如图5-4所示。

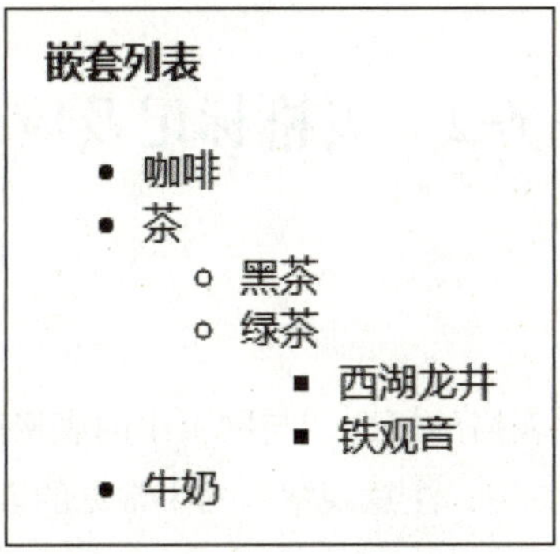

图 5-4　嵌套列表实现效果

2. 操作步骤

①启动Dreamweaver，新建html文件，保存文件名为"liebiao.html"。

②编写HTML代码，应用<ul>、<ol>、<li>等列表标记，参考代码如下：

```html
<!DOCTYPE html>
<html>
<head>
<meta charset="utf-8">
<title>列表的任务实战</title>
</head>
<body>
<h4>嵌套列表</h4>
<ul>
  <li>咖啡</li>
  <li>茶
    <ul>
      <li>黑茶</li>
      <li>绿茶
        <ul>
          <li>西湖龙井</li>
          <li>铁观音</li>
        </ul>
      </li>
    </ul>
  </li>
  <li>牛奶</li>
</ul>
</body>
</html>
```

③保存，在浏览器中查看运行效果。用Dreamweaver的预览功能在浏览器中打开"leibiao.html"，查看运行效果。

任务2　表格标记及应用

课前导学

请读者先回顾文字排版软件中表格的概念，与网页中的表格应用进行对比。并通过查找资料了解HTML表格标签的语法、功能及应用；注意观察网站中常见的表格实例和相关应用效果。

知识储备

1. HTML表格

表格由<table>标签来定义。每个表格均有若干行（由<tr>标签定义），每行被分割为若干单元格（由<td>标签定义）。字母td指表格数据（table data），即数据单元格的内容。数据单元格不仅可以包含文本数据，还可以包含图片、列表、段落、表单、水平线、表格等更加丰富的数据类型。

简单表格实例代码：

```
<table border="1">
    <tr>
        <td>第1行，第1格</td>
        <td>第1行，第2格</td>
    </tr>
    <tr>
        <td>第2行，第1格</td>
        <td>第2行，第2格</td>
    </tr>
</table>
```

以上代码运行效果如图5-5所示。

第1行，第1格	第1行，第2格
第2行，第1格	第2行，第2格

图5-5 简单表格实例效果

扫一扫

制作简单
表格实例

2. HTML表格边框属性

很多时候，我们希望网页中的表格显示边框。可使用边框属性border来显示一个带有边框的表格。以下是带边框的表格实例代码：

```
<table border="1">
    <tr>
        ……
    </tr>
</table>
```

如果不定义边框属性，表格将不显示边框。以下是没有边框的表格实例代码：

```
<!DOCTYPE html>
<html>
<head>
<meta charset="utf-8">
<title>没有边框的表格</title>
</head>
<body>
```

```html
<h4>这个表格没有边框</h4>
<table>
<tr>
    <td>曹操</td>
    <td>孙权</td>
    <td>刘备</td>
</tr>
<tr>
    <td>关羽</td>
    <td>张飞</td>
    <td>赵云</td>
</tr>
</table>
</body>
</html>
```

以上代码运行效果如图5-6所示。

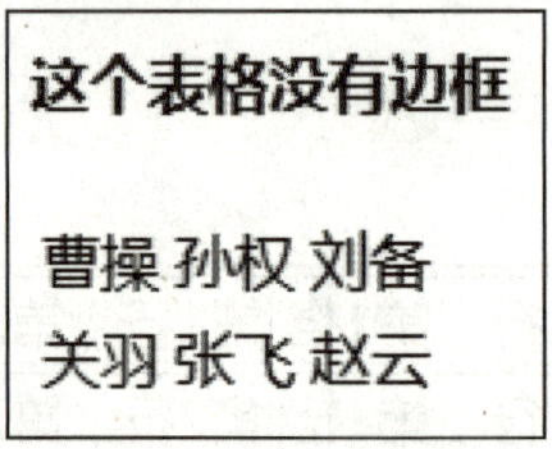

图 5-6　没有边框的表格实例

3. HTML表格表头

表格的表头使用<th>标签进行定义。注意，表头并不是必需的，很多时候表格可以不带表头。

以下是带表头的表格代码：

```html
<table border="1">
    <tr>
        <th>表头1</th>
        <th>表头2</th>
    </tr>
    <tr>
        <td>第1行，第1格</td>
        <td>第1行，第2格</td>
    </tr>
    <tr>
        <td>第2行，第1格</td>
        <td>第2行，第2格</td>
    </tr>
</table>
```

大多数浏览器会把表头显示为粗体居中的文本，显示效果如图5-7所示。

表头1	表头2
第1行，第1格	第1行，第2格
第2行，第1格	第2行，第2格

图 5-7　带表头的表格显示效果

4. HTML 表格标签

HTML表格标签如表5-2所示。

表5-2　HTML表格标签

标签	描述	标签	描述
\<table\>	定义表格	\<colgroup\>	定义表格列的组
\<th\>	定义表格的表头	\<col\>	定义表格列的属性
\<tr\>	定义表格的行	\<thead\>	定义表格的页眉
\<td\>	定义表格单元	\<tbody\>	定义表格的主体
\<caption\>	定义表格标题	\<tfoot\>	定义表格的页脚

HTML中的table可以大致分为三个部分，如图5-8所示：

- thead：表格的页眉。
- tbody：表格的主体。
- tfoot：表格的页脚。

thead、tbody、tfoot相当于三间房子，每间房子都可以用来放东西。

\<tr\> \</tr\>这个标签就是放在三间房子里面的东西，每一组\<tr\> \</tr\>就是表格一行。表格的每一行被分为一个个单元格。

每一个单元格用来存放数据，这个数据分为两种：数据的名称；数据本身。

用\<th\>\</th\>表示数据的名称（标题），\<td\>\</td\>表示表格里的数据内容。 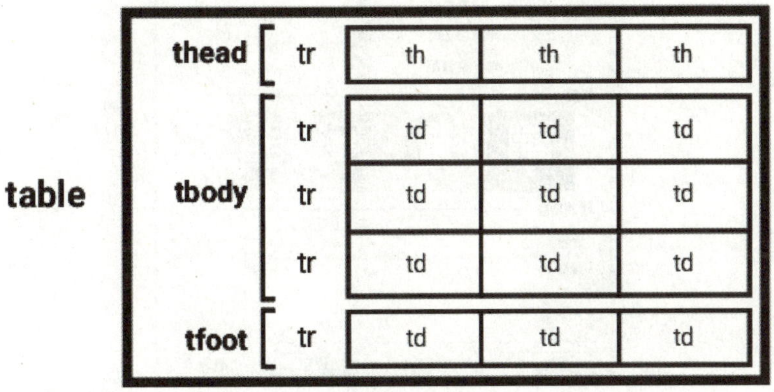

图 5-8　表格元素及各个部分之间的关系

任务实战

1. 任务内容

在网页中制作一张"小学课程表",如图5-9所示。

小学课程表						
四年级1班	节次	星期一	星期二	星期三	星期四	星期五
上午	1	语文	音乐	英语	思想	数学
	2	语文	语文	英语	数学	数学
	3	数学	思想	语文	数学	英语
	4	数学	数学	语文	语文	科学
下午	5	英语	数学	数学	英语	语文
	6	体育	数学	美术	体育	语文

图 5-9 小学课程表效果

2. 操作步骤

虽然HTML提供了丰富的表格标签和相关属性设置功能,但如果仅仅利用HTML代码编写表格,非常不方便,而且效率很低。Dreamweaver CS6提供了丰富的表格编辑功能和可视化控件,为制作复杂表格提供了便利。

制作"小学课程表"的具体步骤如下:

①启动Dreamweaver,新建html文件,保存文件名为"table.html"。

②单击Dreamweaver主菜单"插入"→"表格"命令,插入一个八行七列表格,并设置表格宽度为520像素,间距为0,边框粗细为1,表格行高设为30,如图5-10和图5-11所示。

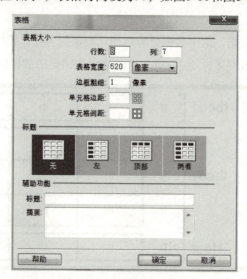

图 5-10 "表格"对话框

项目五　列表、表格及表单　81

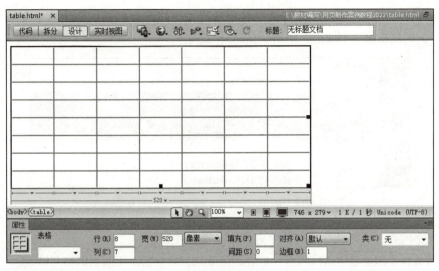

图 5-11　设置表格属性

③合并单元格。按课程表的需要，合并相应单元格。合并单元格操作：右键选择要合并的单元格，在弹出的快捷菜单中单击"表格"→"合并单元格"命令，如图5-12和图5-13所示。

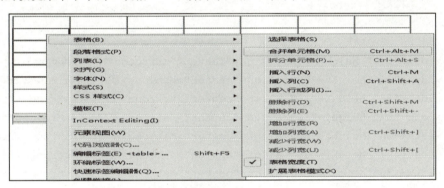

图 5-12　合并单元格操作

图 5-13　合并单元格后的表格效果

④设置表格标题。打开Dreamweaver的代码视图,在<table>标签下添加<caption>并输入标题(见图5-14),同时将标题文字加粗(使用<strong>标签)。

```
 8  <body>
 9  <table width="520" border="1" cellspacing="0">
10  <caption>
11  <strong>小学课程表</strong>
12  </caption>
13    <tr>
14      <td height="30"> </td>
15      <td height="30"> </td>
```

图 5-14 使用<caption>标签设置表格标题

⑤输入文字内容。请参照图5-9将文字内容输入到表格中。

⑥保存网页,在浏览器中运行网页,查看表格效果,并根据需要适当调整和修改。

⑦"小学课程表"表格相关HTML参考代码如下:

```html
<table width="520" border="1" cellspacing="0">
<caption>
<strong>小学课程表</strong>
</caption>
  <tr>
    <td width="117" height="30" align="center"><strong>四年级1班</strong></td>
    <td width="34" height="30" align="center"><strong>节次</strong></td>
    <td width="67" height="30" align="center"><strong>星期一</strong></td>
    <td width="67" height="30" align="center"><strong>星期二</strong></td>
    <td width="68" height="30" align="center"><strong>星期三</strong></td>
    <td width="67" height="30" align="center"><strong>星期四</strong></td>
    <td width="70" height="30" align="center"><strong>星期五</strong></td>
  </tr>
  <tr>
    <td height="30" rowspan="4" align="center" valign="middle">上午</td>
    <td height="30" align="center">1</td>
    <td height="30" align="center">语文</td>
    <td height="30" align="center">音乐</td>
    <td height="30" align="center">英语</td>
    <td height="30" align="center">思想</td>
    <td height="30" align="center">数学</td>
  </tr>
  <tr>
    <td height="30" align="center">2</td>
    <td height="30" align="center">语文</td>
    <td height="30" align="center">语文</td>
    <td height="30" align="center">英语
```

```html
        <td height="30" align="center">数学</td>
        <td height="30" align="center">数学</td>
    </tr>
    <tr>
        <td height="30" align="center">3</td>
        <td height="30" align="center">数学</td>
        <td height="30" align="center">思想</td>
        <td height="30" align="center">语文</td>
        <td height="30" align="center">数学</td>
        <td height="30" align="center">英语</td>
    </tr>
    <tr>
        <td height="30" align="center">4</td>
        <td height="30" align="center">数学</td>
        <td height="30" align="center">数学</td>
        <td height="30" align="center">语文</td>
        <td height="30" align="center">语文</td>
        <td height="30" align="center">科学</td>
    </tr>
    <tr>
        <td height="30" colspan="7" align="center"> </td>
    </tr>
    <tr>
        <td height="30" rowspan="4" align="center">下午</td>
        <td height="30" align="center">5</td>
        <td height="30" align="center">英语</td>
        <td height="30" align="center">数学</td>
        <td height="30" align="center">数学</td>
        <td height="30" align="center">英语</td>
        <td height="30" align="center">语文</td>
    </tr>
    <tr>
        <td height="30" align="center">6</td>
        <td height="30" align="center">体育</td>
        <td height="30" align="center">数学</td>
        <td height="30" align="center">美术</td>
        <td height="30" align="center">体育</td>
        <td height="30" align="center">语文</td>
    </tr>
</table>
```

任务3　表单标记及应用

课前导学

在制作某些网站的时候，经常需要一些交互功能。比如一个提供会员管理的网站，在用户注册功能中要采集用户姓名、性别、电话号码等个人信息，这就需要在网页上设计一个表单和对应的表单元素，让用户输入相应的信息并提交到服务器进行注册处理。

本任务将进行表单的基本概念、表单标签、表单元素及相关知识的学习，并在任务实战中通过相关案例的制作使读者掌握表单及表单元素的应用。

知识储备

1. HTML表单概述

HTML表单是一个区域，此区域包含交互控件等表单元素，将收集到的信息发送到Web服务器。表单元素允许用户在表单中输入内容，常见的表单元素有文本域、下拉列表、单选按钮、复选框等。

可以使用\<form\>标签来创建表单，并使用各种交互控件和HTML表单元素收集用户的输入信息。HTML表单标签如表5-3所示。

表5-3　HTML表单标签

标　　签	描　　述
\<form\>	定义供用户输入的表单
\<input\>	定义输入域
\<textarea\>	定义文本域（一个多行的输入控件）
\<label\>	定义\<input\>元素的标签，一般为输入标题
\<fieldset\>	定义一组相关的表单元素，并使用外框包含起来
\<legend\>	定义\<fieldset\>元素的标题
\<select\>	定义下拉选项列表
\<optgroup\>	定义选项组
\<option\>	定义下拉列表中的选项
\<button\>	定义一个单击按钮
\<datalist\>New	指定一个预先定义的输入控件选项列表
\<keygen\>New	定义表单的密钥对生成器字段
\<output\>New	定义一个计算结果

注：带New标记的为HTML5新标签。

2. 表单实例

下面是一个典型的表单代码：

```
<form action="">
    姓名：<input type="text" name="xingming"><br>
    电话：<input type="text" name="dianhua">
</form>
```

在浏览器中的运行效果如图5-15所示。

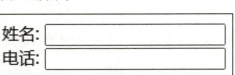

图 5-15　表单实例运行效果

注：表单本身是不可见的。并且一个文本字段的默认宽度是20个字符。

3. HTML表单输入元素

多数情况下被用到的表单标签是输入标签<input>，输入类型是由type属性定义。接下来介绍几种常用的输入类型。

（1）文本域

文本域（text fields）通过<input type="text">标签来设定，当用户要在表单中输入字母、数字等内容时，就会用到文本域。

（2）密码字段

密码字段通过标签<input type="password">来定义：

```
<form>
    密码：<input type="password" name="pwd">
</form>
```

在浏览器中的运行效果如图5-16所示。

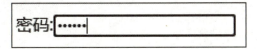

图 5-16　密码字段运行效果

注意：密码字段字符不会明文显示，而是以星号"★"或圆点"·"替代。

（3）单选按钮

单选按钮<input type="radio">标签定义了表单的单选选项，同一组单选按钮在同一时刻只能选中一个。

```
<form action="">
    <input type="radio" name="answer" value="True">正确<br>
    <input type="radio" name="answer" value="False">错误
</form>
```

注意：同一组单选按钮其ID和name必须相同。

以上代码在浏览器中的运行效果如图5-17所示。

图 5-17 单选按钮运行效果

（4）复选框

<input type="checkbox">标签定义了复选框，同一组复选框可以同时选取一个或多个选项。

```
<form>
      <input type="checkbox" name="vehicle" value="Bike">我喜欢自行车<br>
      <input type="checkbox" name="vehicle" value="Car">我喜欢小汽车
</form>
```

注意：类似于单选按钮，同一组复选按钮其ID和name也必须相同。

在浏览器中的运行效果如图5-18所示。

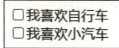

图 5-18 复选按钮运行效果

（5）提交按钮

扫一扫

制作提交按钮的表单

<input type="submit">定义了提交按钮（submit）。当用户单击"确认"按钮时，表单的内容会被传送到服务器。表单的动作属性action定义了服务端的文件名。

action属性会对接收到的用户输入数据进行相关的处理：

```
<form name="input" action="html_form_action.php" method="get">
  请输入：
  <input type="text" name="input_text">
<input type="submit" value="提交">
</form>
```

在浏览器中的运行效果如图5-19所示。

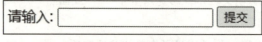

图 5-19 提交按钮运行效果

假如在图5-19的文本框内输入文本，然后单击"确认"按钮，那么输入数据会传送到html_form_action.php文件，该页面将显示输入的结果。

以上实例中有一个method属性，它用于定义表单数据的提交方式，可以是以下值：

post：指 HTTP POST方法，表单数据会包含在表单体内然后发送给服务器，用于提交敏感数据，如用户名与密码等。

get：默认值，指的是HTTP GET方法，表单数据会附加在action属性的URL中，并以?作为分隔符，一般用于不敏感信息，如分页等。

例如：https://www.runoob.com/?page=1，这里的page=1 就是get方法提交的数据。

4. 综合表单实例

下面是一个综合表单实例的代码：

```
<!-- 以下表单使用 GET 请求发送数据到当前的 URL,method 默认为 GET -->
<form>
  <label>姓名：
    <input name="submitted-name" autocomplete="name">
  </label>
  <button>保存</button>
</form>

<!-- 以下表单使用 POST 请求发送数据到当前的 URL -->
<form method="post">
  <label>姓名：
    <input name="submitted-name" autocomplete="name">
  </label>
  <button>保存</button>
</form>

<!-- 表单使用 fieldset, legend和label 标签 -->
<form method="post">
  <fieldset>
    <legend>请选择</legend>
    <label><input type="radio" name="radio"> 南京</label>
    <label><input type="radio" name="radio"> 上海</label>
  </fieldset>
</form>
```

在浏览器中的运行效果如图5-20所示。

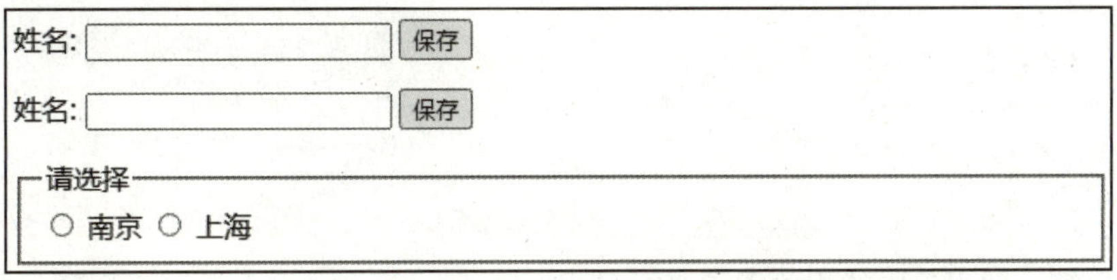

图 5-20　综合表单实例运行效果

前两个表单都是输入并提交姓名信息，不同的是分别采用了get请求和post请求。第三个表单使用了使用fieldset，legend和label标签，实现了表单元素分组和边框效果。

任务实战

1. 任务内容

用HTML表单和相关元素设计一个人信息采集表单页面，采集姓名、性别、电话等个人信息，并发送给指定邮箱，如图5-21所示。

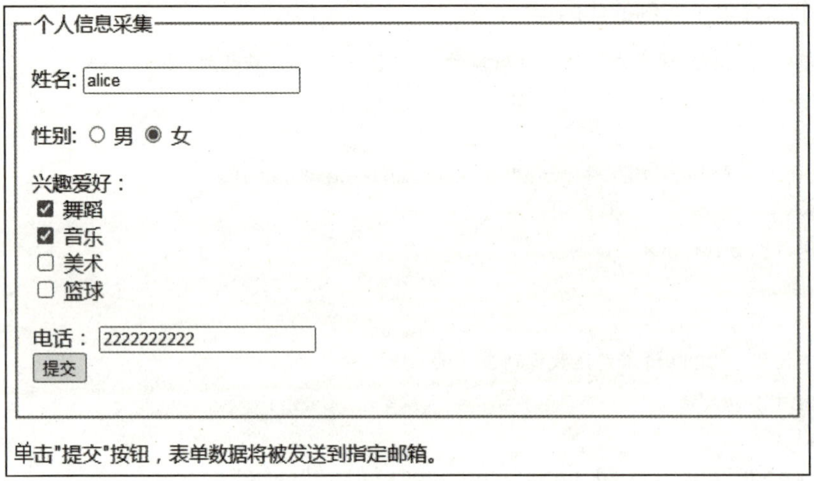

图 5-21　个人信息采集表单

2. 操作步骤

虽然HTML提供了一系列的表单标签和控件，帮助我们从网页输入和采集信息。Dreamweaver CS6提供了可视化的表单功能和控件，使得制作表单非常的便捷高效。制作"个人信息采集"表单的具体步骤如下：

①启动Dreamweaver，新建html文件，保存文件名为"collect.html"。

②单击Dreamweaver"插入"→"表单"→"表单"命令，添加一个新表单，并参照如下代码，添加\<fieldset>和\<legend>标签，设置action、method、enctype等属性。

```
<form action="mailto:mymail@163.com" method="post" enctype="text/plain">
  <fieldset>
  <legend>个人信息采集</legend>


  <p> </p>
  </fieldset>
</form>
```

代码说明：

\<fieldset>标签：对表单中的相关元素进行分组。

\<legend>标签：定义\<fieldset>元素的标题。

action属性：定义表单提交数据的处理文件名或地址，这里设置为"mailto:mymail@163.com"，页面会将提交的表单信息发送到邮箱mymail@163.com。

Method属性：定义表单数据的提交方式，可以是get方式或者post方式。

Enctype属性：定义编码类型，text/plain表示纯文本的传输。

③调出"插入"工具面板。执行"窗口"→"插入"命令，打开"插入"工具面板，选择"表单"项，如图5-22所示。后续的操作将使用"插入"面板添加表单元素和控件。

图 5-22　插入并设置表单属性

④输入文字和表单控件。参照图5-21，先输入文字说明，再使用"插入"面板依次插入文本域、单选按钮、复选框、提交按钮等表单控件，并设置相关属性。以插入单选按钮为例，如图5-23所示。

注：同组的2个单选按钮要设置相同ID和不同值，四个复选框也按同样要求设置。

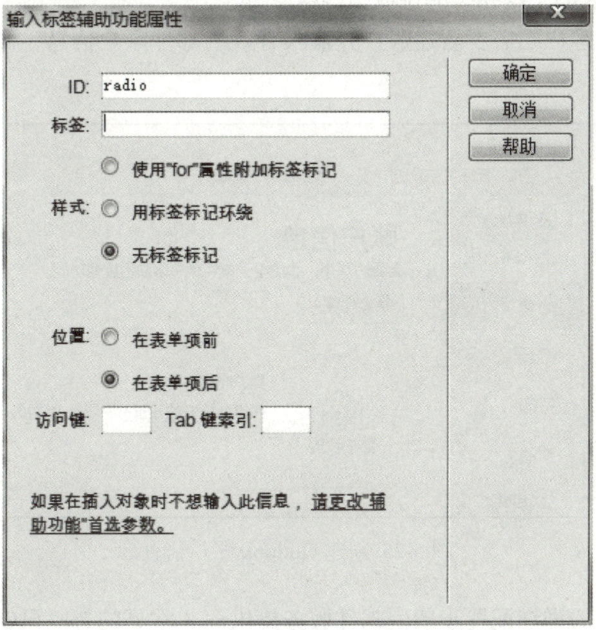

图 5-23　在表单中插入单选按钮

⑤保存网页，在浏览器中运行网页，查看运行效果。输入姓名、性别、爱好、电话等信息后单击"提交"按钮，网页将调用邮件客户端程序（本书以Outlook 2010为例）发送采集信息到指定邮箱，如图5-24所示。

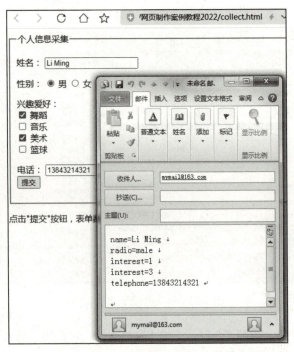

图 5-24　个人信息采集表单运行效果

读者根据需求对相关的字段和功能作适当修改。

注意，Outlook邮件客户端需要新建账户并输入有效的邮件账户信息，做好配置才能把邮件发送出去，如图5-25所示。

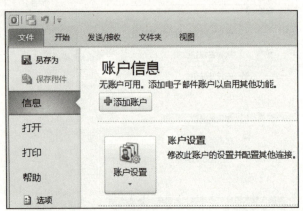

图 5-25　新建 Outlook 账户信息

Outlook邮件客户端的详细配置步骤因邮件服务提供商（常见的有腾讯QQ、网易163、新浪邮箱等）不同而有所差异，请读者自行查阅相关说明或搜索网络资料。

⑥个人信息采集表单页面相关HTML参考代码如下：

```html
<!DOCTYPE html>
<html>
<head>
<meta charset="gb2312">
<title>从表单发送电子邮件实例</title>
</head>
<body>
<form action="mailto:mymail@163.com" method="post" enctype="text/plain">
  <fieldset>
  <legend>个人信息采集   </legend>
  <p>姓名：
    <input type="text" name="name" id="name">
  </p>
  <p>性别：
    <input type="radio" name="radio" id="sex" value="male">
    男
    <input type="radio" name="radio" id="radio" value="female">
    女
  </p>
  <p>兴趣爱好：
    <br>
    <input name="interest" type="checkbox" id="interest" value="1">
    舞蹈
    <br>
    <input name="interest" type="checkbox" id="interest" value="2">
    音乐
    <br>
    <input name="interest" type="checkbox" id="interest" value="3">
    美术
    <br>
    <input name="interest" type="checkbox" id="interest" value="4">
    篮球
  </p>
  <p>电话：
    <input type="text" name="telephone" id="telephone">
    <br>
    <input type="submit" id="submit" value="提交">
  </p>
  </fieldset>
</form>
<p>单击"提交"按钮，表单数据将被发送到指定邮箱</p>
</body>
</html>
```

项目总结

本项目介绍了网页中的HTML列表、表格、表单等对象和元素，并在每一部分的任务实战中介绍了相关案例的详细实现步骤。

列表分为有序、无序和自定义列表，多用于网页中的文字项目列表和类似效果。

表格元素的标签和属性比较丰富，Dreamweaver也提供了丰富的表格编辑功能。除了能够在网页中制作表格，还可以利用表格进行网页的布局设计。更复杂的表格效果需要在实际应用中进一步熟悉和掌握。

HTML表单用于收集和显示用户输入信息。HTML提供了多种控件用于不同类型数据的收集和展示，并且可以通过表单把采集到的信息提交给特定的页面或者服务器处理。

项目六
JavaScript 网页特效

知识目标

- ◆ 了解JavaScript的特点。
- ◆ 了解在页面中添加JavaScript脚本的方法。
- ◆ 了解JavaScript脚本语言的数据类型和变量、运算符和表达式。
- ◆ 了解JavaScript脚本语言中的函数、基本语句。
- ◆ 了解JavaScript脚本语言的事件。

能力目标

- ◆ 掌握JavaScript常用对象的使用。
- ◆ 掌握应用JavaScript实现页面验证。
- ◆ 掌握应用JavaScript实现页面动态改变背景颜色。

素质目标

- ◆ 培养学生勤奋学习的态度。
- ◆ 培养学生逻辑思维能力及实训操作能力。
- ◆ 培养学生的自学能力。
- ◆ 培养学生的审美观。

任务1　动态改变页面背景颜色

课前导学

本任务前，我们需要了解JavaScript的特点，JavaScript和HTML、CSS的区别，JavaScript的组成以及如何在网页中调用JavaScript。

知识储备

1. JavaScript概述

Netscape最初将其脚本语言命名为LiveScript，在与Sun合作之后将其改JavaScript。JavaScript是受Java启发而开始设计的，目的之一就是"看上去像Java"，因此语法上有类似之处，一些名称和命名规范也来自Java。JavaScript与Java名称上的近似，是当时Netscape为了营销考虑与Sun达成协议的结果。

Java是运行在服务器端的编程语言，JavaScript是运行在客户端（浏览器）的编程语言。JavaScript的解释器称为JavaScript引擎，作为浏览器的一部分，广泛用于客户端的脚本语言，最早是在HTML网页上使用，用来给HTML网页增加动态功能，最初是为了处理表单的验证操作。

（1）JavaScript现在的意义（应用场景）

JavaScript现在应用于以下场景：

- 网页特效。
- 服务端开发（Node.js）。
- 命令行工具（Node.js）。
- 桌面程序（Electron）。
- App（Cordova）。
- 控制硬件物联网（Ruff）。
- 游戏开发（cocos2d-js）。

（2）JavaScript和HTML、CSS的区别

HTML：提供网页的结构，以及网页中的内容。

CSS：美化网页。

JavaScript：可以用来控制网页内容，给网页增加动态的效果。

（3）JavaScript的组成

JavaScript由三部分组成，分别为ECMAScript、BOM和DOM，如图6-1所示。

①ECMAScript—— JavaScript 的核心。

JavaScript的核心描述了语言的基本语法和数据类型，ECMAScript是一套标准，定义了一种语言的标准，与具体实现无关。

图 6-1 JavaScript 组成部分

②BOM——浏览器对象模型。一套操作浏览器功能的API，通过BOM可以操作浏览器窗口，如弹出框、控制浏览器跳转、获取分辨率等。

③DOM——文档对象模型。一套操作页面元素的API，DOM可以把HTML看作文档树，通过DOM提供的API可以对树上的节点进行操作。

2. 在网页中调用JavaScript

（1）直接嵌入HTML文档中

JavaScript的脚本程序包含在HTML文档中，这使其成为HTML文档的一部分，其格式如下：

```
<script type=" text/javascript">
```

JavaScript语言代码：

```
</script>
```

JavaScript代码写在<script type= "text/javascript" > 和</script> 之间。

<script>和</script>标识放置在<head>和</head>或< body>和</body>之间。

将JavaScript标识放置在<head>和</head>头部之间，使其在主页和其余部分代码之前装载，从而可使代码的功能更强大；将JavaScript标识放置在< body>和</body>主体之间，可以实现动态地创建文档。

【例6-1】在网页中嵌入JavaScript脚本，实现在网页文档中显示"欢迎进入JavaScript世界！"，文档名称为6-1. Html，代码如下：

```
<html xmlns="http://www.w3.org/1999/xhtml">
<head>
<meta http-equiv="Content-Type" content="text/html; charset=utf-8" />
<title>javascript Demo1</title>
<script type="text/javascript">
document.write("欢迎进入JavaScript世界！");
</script>
</head>
<body>
</body>
</html>
```

浏览网页，效果如图6-2所示。

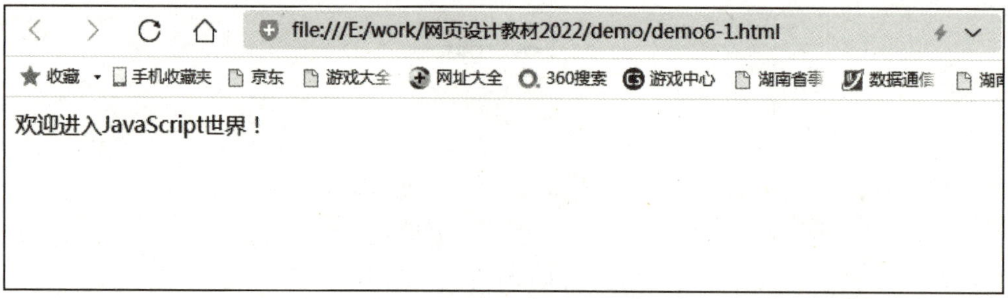

图 6-2　使用脚本后的网页浏览效果

（2）引入外部脚本文件

将脚本代码放入脚本文件（以.js 作为扩展名）中，可以使用script 标记的src属性引用外部脚本文件，其语法格式如下：

```
< head>
<script type= "text/javascript" src= "脚本文件名.js" >
</script>
</head>
```

注意，脚本文件中包含的是JavaScript代码，不包含HTML标记。

【例6-2】创建网页文件，链接外部脚本文件，显示信息"欢迎光临我的网站！"，文件名称为6-2.html，代码如下：

```
<html xmlns="http://www.w3.org/1999/xhtml">
<head>
<meta http-equiv="Content-Type" content="text/html; charset=utf-8" />
<title>javascript Demo2</title>
<script type="text/javascript" src="6-01.js">
</script>
</head>
<body>
</body>
</html>
```

脚本文件6-01.js的内容如下：

```
// JavaScript Document
window.alert("欢迎光临我的网站！ ");
```

说明：

Alert是window对象的方法，其功能是弹出一个对话框并显示其中的字符串。

浏览网页，效果如图6-3所示。

（3）在事件代码中添加脚本

JavaScript采用事件驱动的编程机制，因此可以在网页元素的事件代码中直接编写脚本代码。

项目六　JavaScript 网页特效

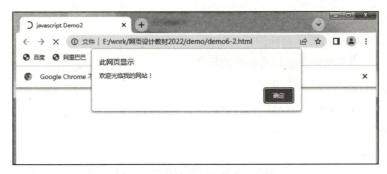

图 6-3　链接外部脚本文件网页浏览效果

【例6-3】编写body元素的onload 事件代码，输出信息"欢迎光临我的网站!"，文件名称为demo6-3.html。

```
<html xmlns="http://www.w3.org/1999/xhtml">
<head>
<meta http-equiv="Content-Type" content="text/html; charset=utf-8" />
<title>javascript Demo3</title>
</head>
<body onload="alert('欢迎光临我的网站! ');">
</body>
</html>
```

浏览网页，效果如图6-3所示。

说明：

alert方法前面省略了window对象，该对象名称可以省略。

网页元素的事件名称都以on开头，常用的事件有onclick、onload、onmouseover、onmouseout等。

任务实战

1. 任务内容

根据下拉列表框中选择的内容，动态改变页面背景颜色，如图6-4所示。

图 6-4　下拉列表显示页面背景颜色

扫一扫

动态改变页面
背景颜色

2. 操作步骤

①用表单元素select列出可以选择的背景颜色。

②声明函数，设置页面背景色是所选择的颜色。

③关联select标签的onchange事件和函数。

④下拉列表框选择页面显示效果代码如下：

```html
<html xmlns="http://www.w3.org/1999/xhtml">
<head>
<meta http-equiv="Content-Type" content="text/html; charset=utf-8" />
<title>设置页面背景色</title>
</head>

<body>
请选择背景色：<select id="selColor" onchange="setBgColor(this)">
<option>请选择</option>
<option value="purple">紫色</option>
<option value="orange">橙色</option>
<option value="gray">灰色</option>
<option value="yellow">黄色</option>
<option value="red">红色</option>
<option value="blue">蓝色</option>
</select>
<script type="text/javascript">
function setBgColor(obj){
if(obj.value!="请选择"){
    document.bgColor=obj.value;
}
}
</script>
</body>
</html>
```

任务2 登录页面验证功能

课前导学

扫一扫
登录页面
验证功能

本任务前，我们需要了解JavaScript的语法，JavaScript变量、数据类型、数组、表达式和运算符，JavaScript的函数，JavaScript常用对象，JavaScript语句，JavaScript事件。

 知识储备

1. JavaScript语法

JavaScript语法有以下规则：

（1）严格区分大小写

在JavaScript语言中，代码是严格区分大小写的。输入关键字、函数名、变量及其他标识符时，都必须采用正确的大小写形式。例如，输入array( )而不是Array()，代码将不能正常运行。

（2）程序的执行顺序

JavaScript程序是按书写的顺序逐行执行的。而某些代码，比如函数体内的代码，不会被立即执行，只有当所在的函数被其他程序调用时，该代码才会执行。如果需要在整个HTML文件中执行的内容，比如函数、全局变量等，建议将其放在HTML文件的<head>...</head>标记中。

（3）结尾分号问题

在JavaScript语言中不强制要求以分号（;）作为语句的结束标记。如果JavaScript语言中的结束处没有分号，JavaScript会自动将该行代码的结尾作为语句的结尾。不过为了代码的严谨性还是建议读者在每行代码的结束处加上分号。

（4）弱类型语言

JavaScript语言是一种弱类型语言，对如何使用不同类型的数据并没有严格的要求。处理数据时，常常不需要指定其类型，JavaScript自身会自动确定数据类型。使用不同数据类型的数据时，JavaScript会在后台推断用户尝试执行的操作。尽管JavaScript擅长推断当前使用的数据类型，但有时也会推断错误，或者没有准确执行用户预期的操作。在这样的情况下，就需要明确告诉JavaScript数据的类型以及用法。

2. JavaScript变量、数据类型、数组、表达式和运算符

JavaScript脚本语言有其自身的基本数据类型、表达式和运算符及基本程序框架。JavaScript提供了六种数据类型用来处理数据和文字，而变量提供存放信息的地方，表达式则可以完成较复杂的信息处理。

（1）数据类型

虽然JavaScript是弱类型语言，但是也有自己的数据类型，见表6-1。

表6-1　JavaScript的数据类型

数据类型	描述
String	字符串是存储字符的变量,可以是任意文本，文本使用单引号或双引号
数值数据	支持十进制、八进制以及十六进制的数值
Boolean	俗称布尔，仅包括两个值：true和false
Undefined	变量被创建后，没有给变量赋值时所具有的值
Null	没有任何值
Object	对象，也是JavaScript重要的组成部分

JavaScript不支持自定义类型，所以JavaScript中的所有值都属于这六种类型之一。

（2）变量

变量是个容器，用来存放脚本值，可以是数字、文本或其他内容。

①在JavaScript中，使用var来定义任何类型的变量。

②aJavaScript是一种弱类型的语言，变量名、操作符和方法名都区分大小写。

例如：

```
var msg="欢迎登录学生信息管理系统！";
var intVal= 2000;
```

（3）数组

①数组与变量的区别。

数组与普通变量类似，可以保存任何类型的数据。但是数组与变量又有一个重要的区别，数组一次可以保存多个数据项，而变量一次只能保存一个数据。

例如，可将变量a设置为19，a=19，接着可将变量a设置为另一个值，比如26，a=26，但是把变量a设置为26时，原来保存的值19就丢失了，变量a现在只保存26。

而运用数组的话就可以同时保存19和26。数组中的每个数据项称为元素，每个数据项都有一个索引值。把索引值放在数组名后面的方括号中，就可以访问对应的元素。

例如，a数组包含19和26，则表示为a[0]=19;a[1]=26。

②创建数组方式。

- 使用new关键字和Array()函数创建数组，例如arr数组的定义如下：

```
var arr=new Array();
```

- 使用数组字面值来创建数组，例如arr数组的定义如下：

```
var arr=[];
```

- 与普通变量一样可以先声明变量再将该变量定义成数组，例如：

```
var arr;
arr=[];
```

③数组存储的书写方式。

- 在定义数组时将数据放在后面的方括号中以逗号分隔，例如

```
var arr=["19", "26", "bob", "al$"];
```

- 把数组中的每个元素名称视为一个变量，并对其赋值，例如：

```
var arr=[];
arr[0]= "19";arr[1]= "26";arr[2]= "Ibob";arr[3]= "al$";
```

要注意，数组的索引是从0开始，而不是从1开始。

（4）表达式

表达式是JavaScript语言的一个"短语"，包含变量、常量、布尔和运算符的集合，当然也有通

过合并简单的表达式来创建的复杂的表达式。

（5）运算符

JavaScript脚本语言运算符用于操作数据值，见表6-2。

表6-2　JavaScript的运算符

运算符	描　　述
算术运算符	用于执行变量或值的算数运算，即+（加）、-（减）、*（乘）、/（除）和%（取余）
赋值运算符	主要用于给变量赋值
比较运算符	比较两个操作数，返回结果true或false。<（小于）、>（大于）、<=（小于等于）、>=（大于等于）、==（相等）、!=（不等）、===（恒等或全等）、!==（不全等或不恒等）
逻辑运算符	通常作用于布尔值的操作，一般和比较运算符配合使用，常用的逻辑运算符有:&&（逻辑与）、‖（逻辑或）和!（逻辑非）

3. JavaScript的函数

在JavaScript中，有两种函数类型：内置函数、用户自定义函数。内置函数是由JavaScript语言自身为用户提供的，用户自定义函数是用户根据自己的需要自定义的。

（1）函数的定义

在JavaScript中，函数的定义包括关键字function声明、函数名、参数以及置于大括号中的语句。通常形态是：

```
function函数名([参数1,参数2...])
函数语句体
[ return表达式;]
```

形态说明：

- function：标记，表明正在声明的是一个函数，标明返回值和参数列表就可以明确地区分函数声明和函数调用。
- 函数名：在同一页面中是唯一的，并且区分大小写。函数名可以省略，省略的情况是匿名函数。
- 参数：可写个数任意，用于指定参数列表，此时的参数没有具体值，也称为形参。形参间使用逗号进行分隔。
- 函数语句体：必写，表示实现函数功能的语句。
- return：可写，用于返回函数值。
- 表达式：可写，可以用任意的表达式、变量或常量表示，表示函数的返回值。

定义函数示例：将华氏温度转换为摄氏温度。

```
function converToCentigrade(degFahren) {
var degCent=5/9* (degFahren-32); // degCent为摄氏温度，degFahren为华氏温度
return degCent;
}
```

（2）作用域和生存期

作用域即变量或者函数的有效范围，可分为全局作用域和局部作用城。全局作用域即在函数之外声明的变量，可用于该页面的所有脚本，包括函数内和函数外。例如：

```
var degFahren= 32;
function convertToCentigrade(degFahren){
var degCent= 5/9 * (degFahren-32) ;
return degCent;
}
```

以上代码中degFahren变量是一个全局变量，它是在函数外定义的，从而可以作用于该页面的任何地方。但在实际中，应该避免创建全局变量和函数，因为它们很容易在不经意间被修改。

局部作用域即在函数内部定义的变量，只能在该函数内使用，函数外的任何代码都不能访问它。以上代码中，degCent变量是一个局部变量，它是在函数内定义的，仅可以在函数内使用。

变量的生存期取决于作用域。全局变量的生存期就是页面的生存期，页面加载到浏览器中时，全局变量始终存在。对于函数内定义的局部变量，它的生存期就是函数的执行期间。函数执行完毕后，就会释放局部变量，局部变量的值也将丢失，被回收。如果在后面的代码中再次调用函数，局部变量的值回归为空。

（3）将函数用作值

JavaScript是一门功能非常强大的语言，其中一些功能就来自于函数。我们可以像使用其他任何类型的值一样来使用函数。例如，可以将converToCentigrade( )函数赋给一个变量：

```
function converToCentigrade(degFahren) {
var degCent = 5/9 * (degFahren-32);
return degCent;
}
var myFunction= converToCentigrade;
```

以上代码将convertToCentigradevar( )函数赋给变量myFunction，而我们发现converToCentigrade标识符后面没有加圆括号，此时它看起来像变量的赋值。在这个赋值语句中，没有执行convertToCentignade( )函数，而是引用了函数本身，将函数本身的功能赋予变量，使得myFunction也成为一个和convertToCentigrade( )函数具有相同功能的函数。

4. JavaScript对象

（1）对象的含义

对象是一个抽象的概念，是要操作的目标。比如，在现实生活中，计算机就是我们搜寻资料的一个对象，具有外观、操作系统、价格等属性，而利用计算机玩游戏、看电影、查找资料等用途，就对应于对象里的方法。另外，主板、CPU、显卡、键盘等组件，我们可以称作对象的集合。对象的特点归结起来有三个：属性、方法、集合。

（2）JavaScript中的对象

JavaScript对象指的是一类特殊的数据类型，它不仅可以保存一组不同类型的数据（属性），还可以包括有关处理这些数据的函数（方法）。JavaScript中的对象是通过其方法和属性来定义的，是方法和属性的集合体。

JavaScript对象按类型可以分为内置对象、浏览器对象和自定义对象。自定义对象是根据JavaScript的对象扩展机制，用户可以自定义JavaScript对象。

（3）创建对象

要创建各种类型的对象，可使用new运算符。如下语句创建了一个Number对象：

```
var myNumber = new Number();
```

该语句前半句是使用new关键字定义一个变量myNumber；后半语句由两个部分组成，运算符new表示要创建一个新对象，Number()是Number对象的构造函数，表示要创建的对象类型。大多数对象都有这样的构造函数，例如Array对象的构造函数是Array()。

构造函数也是一个函数，所以可以给构造函数传递参数，以给对象添加数据。例如，下面的代码创建了一个Number对象，该对象包含的数值数据为17。

```
var myNumber = newNumber(17);
```

对象数据和基本数据类型在变量中的存储方式不同。基本数据类型是JavaScript中最基本的数据，变量存储数据的实际值。例如：

```
var myNumber= 17;
```

以上代码表示，myNumber变量存储了数据17。但赋予对象的变量不存储实际数据，而存储指向保存数据的内存地址的引用。这并不意味着可以获得该内存地址，这只是JavaScript在后台管理对象的方式。

（4）内置对象

内置对象就是内置于JavaScript语言中的对象。本任务只介绍JavaScript中比较常用的几种内置对象，即String对象、Math对象、Array对象和Date对象。

访问String对象、Array对象和Date对象的属性和方法的方式相同，以String对象为例：

```
String对象.属性；String对象.方法(参数1,参数2...);
```

而访问Math对象的属性和方法的方式略有差异：不需要对象，直接是Math.属性；Math…方法（参数1，参数2...）。

①String对象。

String对象用来保存字符串常量。String对象的语法：

```
var 字符串对象名称= new String(字符串常量)
```

String对象的常用属性：length用于判断字符串的字符长度。

String对象的常用方法见表6-3。

表6-3 String对象的常用方法

方　　法	描　　述
charAt()	返回在指定位置的字符
indexOf()	检索字符串
lastIndexOf()	从后向前搜索字符串
match()	找到一个或多个正则表达式的匹配
replace()	替换与正则表达式匹配的子串
search()	检索与正则表达式相匹配的值
slice()	提取字符串的片段，并在新的字符串中返回被提取的部分
split()	把字符串分割为字符串数组
substr()	从起始索引号提取字符串中指定数目的字符
substring()	提取字符串中两个指定的索引号之间的字符
toLowCase()	把字符串转换为小写
toUpperCase()	把字符串转换为大写
toString()	返回字符串
valueOf()	返回某个字符串对象的原始值

②Math对象。

Math对象为全局对象，包含用来进行数学计算的属性和方法。Math对象的常用属性见表6-4。

表6-4 Math对象的常用属性

属　　性	描　　述
Math.E	返回算数常量e（2.718281828459045）
Math.LN2	返回2的自然对数（0.69314718055994528623）
Math.LOG2E	返回log以2为底，e的对数（1.4426950408889634）
Math.PI	返回圆周率π（3.141592653589793）
Math.SQRT2	返回2的平方根（1.4142135623730951）

Math对象的常用方法见表6-5。

表6-5 Math对象的常用方法

方　　法	描　　述
abs(x)	返回x的绝对值
log(x)	返回log以e为底，x的对数
pow(x,y)	返回x的y次幂
sqrt(x)	返回x平方根

续上表

方　法	描　述
ceil(x)	向上取整
floor(x)	向下取整
round(x)	四舍五入
random()	随机返回（0…1）
max(x,y,z...n)	返回最大值
min(x,y,z...n)	返回最小值

③Array对象。

Array对象用于在单个的变量中存储多个值。创建Array对象的语法：

```
var 对象名称=new Array();
var 对象名称=new Array(size);
var 对象名称=new Array(element0, element1, ..., elementn);
```

Array对象的常用属性见表6-6。

表6-6　Array对象的常用属性

属　性	描　述
constructor	返回对创建此对象的数组函数的引用
length	获取或设置数组的长度

Array对象的常用方法见表6-7。

表6-7　Array对象的常用方法

方　法	描　述
concat()	连接两个或更多的数组，并返回结果
join()	把数组的所有元素放入一个字符串，元素通过指定的分隔符进行分隔
pop()	删除并返回数组的最后一个元素
push()	向数组的末尾添加一个或更多元素，并返回新的长度
reverse()	颠倒数组中元素的顺序
shift()	删除并返回数组的第一个元素
slice()	从某个已有的数组返回选定的元素
sort()	对数组的元素进行排序
splice()	删除元素，并向数组添加新元素
toString()	把数组转换为字符串，并返回结果
unshift()	向数组的开头添加一个或更多元素，并返回新的长度

④Date对象。

Date对象用于处理日期和时间。创建Date对象的语法：

```
var myDate=new Date(日期参数);
```

日期参数可以省略不写，可以用日期字符串或数值表示，并以逗号间隔。

Date对象的常用属性见表6-8。

表6-8　Date对象的常用属性

属　　性	描　　述
constructor	返回对创建此对象的Date函数的引用
prototype	向对象添加属性和方法

Date对象的常用方法见表6-9。

表6-9　Date对象的常用方法

方　　法	描　　述
Date()	返回当前的日期和时间
getDate()	从Date对象返回一个月中的某一天（1～31）
getDay()	从Date对象返回一周中的某一天（0～6）
getMonth()	从 Date 对象返回月份（0～11）
getFullYear()	从 Date 对象以四位数字返回年份
getHours()	返回 Date 对象的小时（0～23）
getMinutes()	返回 Date 对象的分钟（0～59）
setDate()	设置 Date 对象中月的某一天（1～31）

5．JavaScript语句

（1）条件语句

在JavaScript中，我们可使用以下条件语句：

- if语句：只有当指定条件为true时，使用该语句来执行代码。
- if...else 语句：当条件为true时执行代码，当条件为false 时执行其他代码。
- if...else if...else语句：使用该语句来选择多个代码块之一来执行。
- switch语句：使用该语句来选择多个代码块之一来执行。

①if语句语法：

```
if (条件){
只有当条件为true 时执行的代码
}
```

说明：请使用小写的if，使用大写字母(IF)会生成JavaScript错误!

实例：当时间小于20:00时，生成一个"Good day"问候。

```
if(time<20){
    X="Good day";
}
```

②if...else语句，使用if...else语句在条件为true时执行代码，在条件为false时执行其他代码。

语法：

```
if (条件){
当条件为true时执行的代码
}else{
当条件为false时执行的代码
}
```

实例：当时间小于20:00时，将得到问候"Good day"，否则将得到问候"Good evening"。

```
if(time<20){
    x="Good day";
}else{
    x="Good evening";
}
```

（2）循环语句

循环是指当条件为true时反复执行某个代码块。为什么我们需要用到循环呢?假如我们有一系列数据，每个数据都需要参与某个运算，运算的方法都是相同的。我们不必将代码重复编写，而是运用循环将数据项用作重复执行同一段代码。循环语句可分为三种：while循环、do...while循环、for循环。

for循环语句使用率最高，可以将某段代码重复执行指定的次数，其语法如下所示：

```
for(初始化循环变量;循环测试条件;循环变量增减变化) {
循环体中的代码块;
}
```

for循环的工作原理：

①执行for语句的初始化部分。

②检查循环测试条件，如果为true，则继续执行循环体中的代码块；如果为false，则退出for语句。

③执行循环变量增减变化语句，再执行检查循环测试条件，直到循环测试测试条件为false才退出for语句。

例如：

```
for(var i=0; i<5; i++){
x=x + "The number is" +i + "<br>";
}
```

分析：在循环开始之前设置变量(var i=0)；定义循环运行的条件（i必须小于5）；在每次代码块已被执行后增加一个值（i++）。

6. JavaScript的触发事件

事件是可以被对象控件识别的操作，例如，单击"确定"按钮，选择某个单选按钮或者复选框。每一种控件有自己可以识别的事件，例如，窗体的加载、单击、双击等事件，编辑框（文本框）的文本改变事件等。JavaScript常见的触发事件有：

- OnClick：单击选定对象时，触发事件。
- OnDblClick：双击选定对象时，触发事件。
- OnMouseDown：当按下鼠标（不必释放鼠标）时，触发事件。
- OnMouseMove：当鼠标指针停留在对象边界内时，触发事件。
- OnMouseOut：当鼠标指针离开对象边界时，触发事件。
- OnMouseOver：当鼠标移动到特定对象上时，触发事件。
- OnMouseUp：当按下的鼠标按钮被释放时，触发事件。
- OnLoad：在页面或图像加载完成后，触发事件。
- OnFocus：对象获得焦点时，触发事件。
- OnBlur：对象失去焦点时，触发事件。

实例：当鼠标指针移动到图像上时执行一段JavaScript。

```
<img onmouseover= "oImg(this)" src="y.gif" alt="y">
```

分析：当鼠标离开指定对象时，该对象就触发onmouseout事件，并执行onmouseout事件调用的程序。

实例：在鼠标指针移出图像时显示一个对话框。

```
<img src= "/a/example_mouse.jpg" alt ="mouse" onmousemove= "aler( '您的鼠标移开了图片!')"/>
```

JavaScript脚本在页面的位置非常重要，如果放在页面主体，则它将在页面加载时运行（或执行），即windows事件，但有时希望脚本在某个用户事件发生时触发运行。

 任务实战

1. 任务内容

制作登录页面并对登录邮箱和密码的输入进行判断，如图6-5～图6-7所示。

图6-5 登录页面静态效果

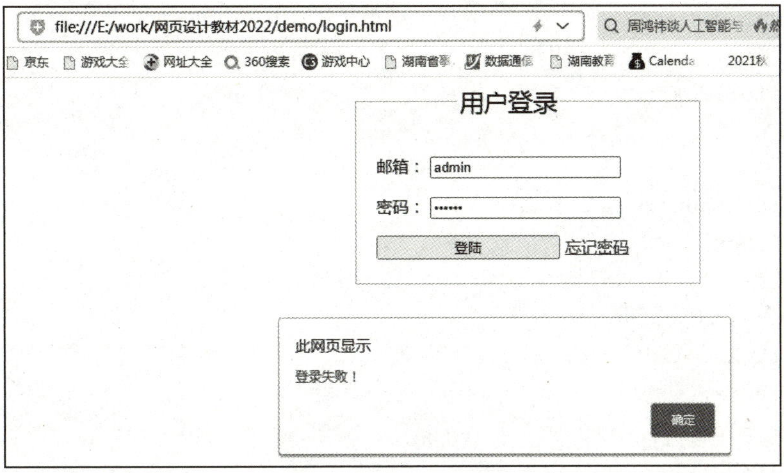

图 6-6 登录失败效果

图 6-7 登录成功效果

2. 操作步骤

①准备登录的静态页面login.html。

②在login.html页面嵌入脚本，自定义函数checkLogin验证登录，判断用户输入的邮箱和密码是否正确。

③事件和处理程序的绑定。按钮的"onclick"事件绑定"checkLogin()"函数，页面的"onkeypress"事件绑定"keyFun"函数。

④登录页面的代码如下：

```
<html xmlns="http://www.w3.org/1999/xhtml">
<head>
<meta http-equiv="Content-Type" content="text/html; charset=utf-8" />
<title>用户登录</title>
```

```html
<style type="text/css">
body{
    font-size:16px;
}
div#login{
    margin:0px auto;
    width:300px;
}
div#login fieldset{
    border:1px solid #ccc;
    width:300px;
    height:150px;
    padding:20px;
}
div#login fieldset legend{
    margin-left:80px;
    font-size:24px;
}
div#login fieldset input,txt{
    width:180px;
}
</style>
</head>

<body onkeypress="KeyFun()">
<div id="login">
    <form name="loginForm">
    <fieldset>
        <legend>用户登录</legend>
        <p>
            <label>邮箱：</label>
            <input id="txtEmail" type="text" class="txt"/>
        </p>
         <p>
            <label>密码：</label>
            <input id="txtPwd" type="password" class="txt"/>
        </p>
          <p>
            <input type="button" value="登录" onclick="checkLogin()"/>
            <a href="#">忘记密码</a>
        </p>
    </fieldset>
    </form>
```

```
</div>
<script type="text/javascript">
function checkLogin(){
    var userEmail=document.getElementById("txtEmail").value;
    var userPwd=document.getElementById("txtPwd").value;
    if(userEmail=="htccebing@126.com"&&userPwd=="123456"){
        alert("登录成功！");
    }else{
        alert("登录失败！");
    }
}
function keyFun(){
    var key=event.keyCode;
    if(key==13){
        checkLogin();
    }
}
</script>
</body>
</html>
```

● ● ● ● 项目总结 ● ● ● ●

  本项目介绍了JavaScript脚本嵌入HTML网页文件的三种方式，并介绍了两个典型脚本使用的案例。

  可以在制作网页时，通过使用JavaScript脚本，完成一些动态效果。

  实际制作网页时，从网上也可以得到许多JavaScript脚本代码，用户只要看明白代码，且能将代码修改应用到自己的网页上即可。

项目七 HTML5 + CSS3 高级应用

本项目主要介绍HTML5+CSS3的高级应用，主要包括分析页面结构、利用DIV+CSS搭建页面框架、HTML+CSS的综合应用及JavaScript的应用，重点学习如何利用DIV+CSS搭建页面框架，完成网页的布局，再利用其他技术完成网页的具体设计与制作。

知识目标

- 了解如何分析页面结构。
- 了解使用DIV+CSS搭建页面框架。
- 了解HTML+CSS的综合应用。
- 了解JavaScript的应用。

能力目标

- 掌握商业网站的制作方法。
- 掌握商业网站页面框架的制作技术。
- 掌握网站HTML结构代码分析、编写。
- 掌握使用CSS样式实现网站布局的方法。

素质目标

- 培养学生勤奋学习的态度。
- 培养学生的逻辑思维能力及实训操作能力。
- 培养学生的自学能力。
- 培养学生的审美观。

项目七　HTML5＋CSS3 高级应用

任务　在线购物网站的制作

课前导学

随着网络营销成为一种主流的营销模式，在线购物网站也越来越多地出现在人们的视野中，比如京东、当当网、淘宝网等。通常，在线购物网站有信息快捷、信息数量大而且不受营业时间限制等优点。本任务前，我们需要了解购物网站的特点、购物网站的常用设计方法。

知识储备

1. 在线购物网站网页组成的特点

在线购物网站的网页主要由与商品有关的网页组成，大致分为主页、商品分类页和商品展示页三种类型。也就是说，网站的组成结构大致分为三层：一级页面（主页）、二级页面（分类页）、三级页面（商品页）。当然，为了充分利用空间，实现销售利润的最大化，商家会在一、二级页面中也放置最新商品及热门商品展示。在线购物网站推荐商品时，大致采取两种排序方式，一种是通过上架时间排序，一般称为"最新商品"展示；另一种是通过购买的热门程度排序，一般称为"热门商品"展示。

2. 在线购物网站的设计

在线购物网站网页的主要作用是展示、销售商品。一般而言，网站首页包括头部内容、主导航条、导航侧栏、最新公告、商品展示列表、底部信息等。根据习惯，一般将分类导航条放置在左边。本任务以制作手机网页来学习在线购物网站的制作，手机网站首页效果如图7-1所示。该网站以销售手机为主，属于数码影音一类。一般而言，这种网页设计比较时尚，产品种类繁多而且更新换代速度快。所以，设计网页时需要充分考虑这些特点，使网页既琳琅满目，又充满时代气息。网页采用蓝色为背景色，白色为主体背景色，然后用浅灰色区分出页面中的各个版块，配以颜色鲜明的两幅banner增加网页的动感。

手机网站首页布局如图7-2所示。对网页结构采用自顶向下的分析方法，从上到

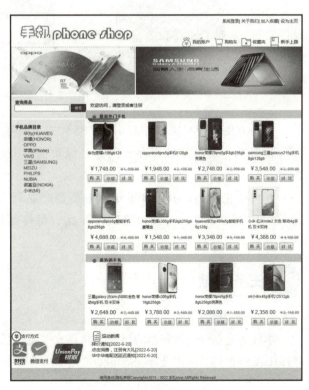

图7-1　手机网站首页效果

下分为头部（header）、主体（main）和底部（footer）三块。主体部分又分为左边（left）、右边（right）和底部（base）三部分。

头部内容：网站logo，广告栏等。

主体左边：商品搜索栏、商品列表导航。

主体右边：登录提示、最新商品和热门商品展示。

主体底部：支付方式、网站新闻。

底部内容：版权信息。

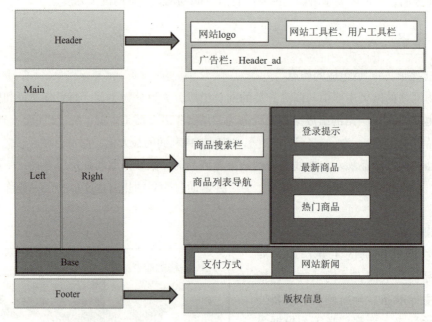

图 7-2 手机网站首页布局

为了方便二级页面制作和引用CSS样式，将主体右边部分与头部内容、主体左边、主体底部、底部内容分开单独保存，因为二级页面中变动的部分，即新的内容，仅仅是主体右边的内容。

首页中主体div的right部分，主要是产品列表。按上架时间和热门程度将商品分成两大部分。按页面宽度，每行设置四件商品，每件商品采用图片、名称、价格和购买按钮的展示方式。

 任务实战

1. 任务内容

本任务是在线购物网站的设计与制作，主要包括分析页面结构、利用DIV+CSS搭建页面框架、HTML+CSS的综合应用及JavaScript的应用等。

2. 操作步骤

（1）创建站点

为本网站命名为phoneshop，故网站文件夹的名字为phoneshop，该文件夹与其子文件夹的结构如图7-3所示。

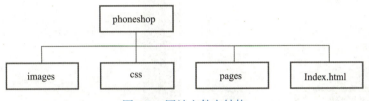

图7-3　网站文件夹结构

在硬盘上建立一个文件夹（路径为"D:\phoneshop"），并根据图9-4建立相应的文件夹。网站下面只放一个主页文件"index.html"，其他文件按类型分表存放在各子文件夹中，图像文件放在image文件夹中，CSS样式文件放在css文件夹中，其他二级网页文件放在pages文件夹中，文件名和文件夹名尽量不要使用汉字。

（2）新建样式表并设置通用样式

样式表文件是独立的CSS文件。下面建立一个样式表文件，以方便不同的页面调用同一个样式表文件，方便页面的修改。

①创建CSS文件。选择"文件"菜单的"新建"命令，打开"新建文档"对话框，选择"空白页"下的"CSS"选项，如图7-4所示。

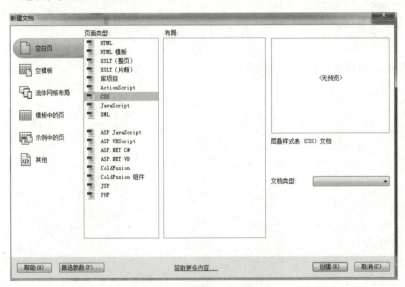

图7-4　"新建文档"对话框

②单击"创建"按钮，新建一个外部CSS文件，然后将其保存在站点文件夹"D:\phoneshop\css"下，命名为"style.css"，注意保存类型为Style Sheet (*.css)，如图7-5所示。单击"保存"按钮，样式表文件如图7-6所示。

图7-5 保存样式表文件

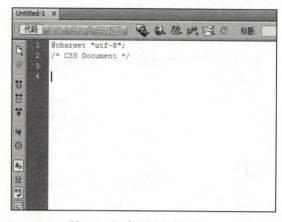

图7-6 新建的样式表文件

③定义样式。样式表建好后，要定义样式表里的通用样式，这部分代码设置是页面中默认内容的样式，包括页面边界、填充和文本等属性。首先定义<body>标签的属性，包括边界、填充、字体和字号等属性，代码如下：

```
body{
    font-family:Arial, Helvetica, sans-serif;
    font-size:12px;
    margin:0px;
    text-align:center;
    background-color:#495472;
    line-height:18px;
}
```

然后定义其他通用样式，CSS代码如下：

```
img {
border :0px;
}
img{
    border:0px;
}
div,ul,form,li{
    margin:0;
    padding::0;
}
ul,li{
    list-style:none;
}
a:link{
    color:#5d5d5d;
    text-decoration:none;
```

```
        font:"宋体",serif;
}
h1,h2,h3,h4,h5,h6,h7{
        margin:0;
        padding:0;
        text-align:12px;
        font-size:12px;
}
/*=====链接定义====*/
a:link,a:visited {
color:#4f181d;
text - decoration: none ;
font:"宋体";
}
a:hover,a:active{
color: #aa0000;
text-decoration :underline;
font- family:"宋体",serif;
}
```

通用样式表完成后,下面开始制作网站首页。

(3)制作网站首页

①新建首页并调用style.css样式表。

步骤1:选择"文件"菜单的"新建"命令,弹出"新建文档"对话框,在对话框中选择"空白页"下HTML的"无"选项。然后单击"创建"按钮,新建名称为"index.html"的空白文档,保存在"D:\phoneshop"文件夹下。

步骤2:链接外部样式表文件。打开"CSS样式"面板,单击右下角的"附加样式表"按钮,弹出"链接外部样式表"对话框,选择"style.css"样式表,单击"确定"按钮,返回"链接外部样式表"对话框,如图7-7所示。

图7-7 "链接外部样式表"对话框

步骤3:单击"确定"按钮,这时在"index.html"文档的代码视图的<head>与</head>之间会添加如下代码。当然,也可以直接输入如下代码,以链接到外部样式表文件。

```
<link href="css/style.css" rel="stylesheet" type="text/css" />
```

准备工作完成后,就可以开始具体的制作了。

②使用DIV搭建页面框架。

使用CSS+DIV布局页面,首先要根据页面的内容对整体框架进行合理规划。本站结构的线框图,如图7-8所示,然后定义其属性。确定内容框架后,便可以开始搭建DIV块的结构,根据图7-8所描述的ID进行构架。在代码视图的\<body>与\</body>之间,编写如下HTML代码:

```
<div id= "container ">
    <div id="header">head</div>
    <div id="main">main</div>
    <div id="footer">footer</div>
</div>
```

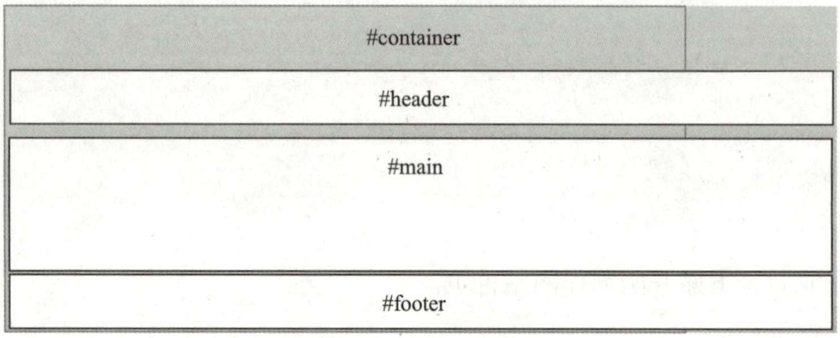

图 7-8 网页结构线框图

这样,总体框架就搭建完成了,如图7-9所示。下面还需要对每个模块进行内容补充,增加新的class或div,以达到最终效果。

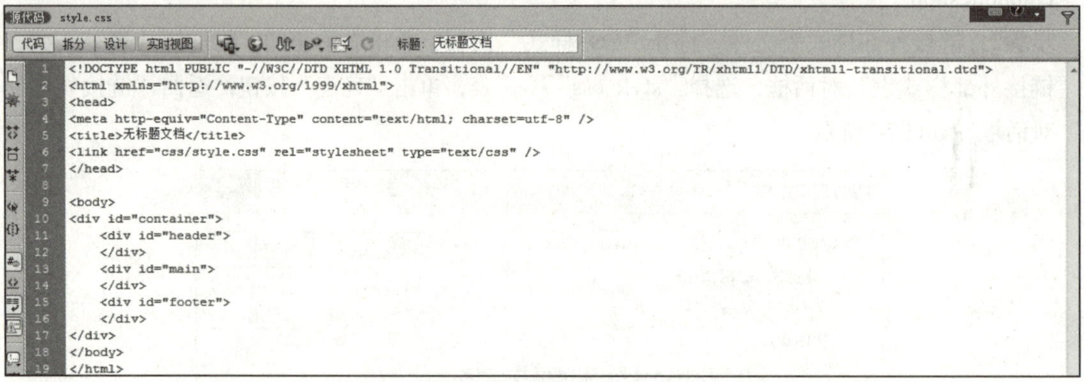

图 7-9 搭建网页框架

扫一扫
手机网站首页
头部制作

③制作页面头部。

从网页头部的页面效果(见图7-10)分析,可将头部内容分成四块:分别是网站logo、网站工具栏、用户工具栏、广告栏。网站logo的属性为".header_log",网站工具栏的属性为".header_link",用户工具栏的属性为".header_nav",广告栏的属性为".header_ad"。

图 7-10 网页头部完成效果图

根据效果图，在代码视图的<div id="header">与</div>之间，编写如下HTML代码：

```
<div id="header">
    <div class=".header_ log"></div>
    <div class=".header_ link"></div>
    <div class=".header_ nav"></div>
    <div class=".header_ad"></div>
</div>
```

结构代码定义好后，各个模块如何布局就要看CSS样式怎样设定了，这是关键的一步，新建样式表文件"header.css"，将其保存到"D:\phoneshop\css"中，并在"index.html"文档的代码视图的<head>与</head>之间添加代码：

```
<link href="css/header.css" rel="stylesheet" type="text/css" />
```

以下有关网页头部所有样式定义都保存在"header.css"文件中。

a. 网页头部容器#header样式定义，主要定义容器的宽度、高度、背景色等，其CSS代码如下：

```
#header{
    background-color: #FFFFFF;
    height: 255px;
    width: 950px;
    text-align: left;   /*头部内容在body中文本左对齐*/
    vertical-align: top;
    margin-left: auto;
    margin-right: auto;
}
```

b. ".header_logo"样式定义logo图片的宽度和高度，并设置左浮动，其CSS代码如下：

```
.header_logo{
    height: 100px;    /*logo高100像素*/
    width: 400px;     /*logo宽400像素*/
    float: left;      /*在父容器header中浮动方式为左浮动*/
}
```

样式定义完成后，在"index.html"中代码视图的<div class="header_logo">与</div>之间插入logo图片代码，代码如下：

```
<div class="header_logo">
    <img src="images/logo.jpg" />
</div>
```

此时，效果如图7-11所示。

图 7-11　添加网站 logo 的效果

c. ".header._link"样式定义。定义网站工具栏的宽度、高度、文字右上对齐等，其CSS代码如下：

```
.header_link{
    height: 20px;
    width: 530px;
    float: left;
    text-align: right;
    vertical-align: top;
    padding-top: 10px;
    padding-right: 0px;
    padding-left: 2px;
    margin-left: 2px;
}
```

然后在"index.html"中<div class="header _link">与</div>之间插入相关代码，代码如下：

```
<div class="header_ link">
    <a href="#">系统登录</a>|
    <a href="#">关于我们</a>|
    <a href="#">加入收藏</a>|
    <a href="#">设为主页</a>|
</div>
```

之后，效果如图7-12所示。

图 7-12 加上网站工具栏的效果

d.".header_nav"样式定义,定义用户工具栏的宽度、高度、文字右下对齐等,其CSS代码如下:

```
.header_nav{
    height: 30px;
    width: 540px;
    float: left;
    text-align: right;
    vertical-align: bottom;
    padding-top: 40px;
    padding-right: 10px;
}
.header_nav span{
    padding-right: 5px;
    padding-left: 5px;
}
```

然后在"index.html"中<div class="header_nav">与</div>之间插入相关代码,代码如下:

```
<div class="header_nav">
    <span class="header_nav_block">
        <img src="images/account.png" align= "absmiddle"/>
        <a href="#">我的账户</a>
    </span>
    <span class="header_nav_block">
        <img src="images/shopcar.png" align="absmiddle"/>
        <a href="#">购物车</a>
    </span>
    <span class="header_nav_block">
        <img src="images/collectbag.png" align="absmiddle"/>
        <a href="#">收藏夹</a>
    </span>
    <span class="header_nav_block">
        <img src="images/newbook.png" align= "absmiddle"/>
```

```
            <a href="#">新手上路</a>
        </span>
    </div>
```

之后，效果如图7-13所示。

图7-13　加上用户工具栏后的效果

e."`.header _ad`"样式定义。网站的banner广告由两张图片构成，分别对这两张图片的样式进行定义，其CSS代码如下：

```
.header_ad{
    height:160px;
    width:950px;
}
.header_ad_left{
    height:150px;
    width:397px;
    float:left;
    margin-left:3px;
    margin-right:3px;
}
.header_ad_right{
    height:150px;
    width:545px;
    float:right;
    margin-right:2px;
}
```

然后在"index.html"中`<div class="header_ad">`与`</div>`之间插入相关代码，代码如下：

```
    <div class="header_ad">
        <span class="header_ad_left">
        <a href="#">
            <img src="images/ad_left.jpeg" alt="广告"/>
        </a>
```

```
            </span>
            <span class="header_ad_right">
                <a href="#">
                    <img src="images/ad_right.jpeg" alt="广告"/>
                </a>
            </span>
        </div>
```

最后，效果如图7-14所示。

图 7-14　加上广告图片后的效果

④制作页面主体。

通过对页面主体左边由商品搜索栏、商品列表导航组成；主体右边由登录提示、最新商品、热门商品组成；主体底部由支付方式和网站新闻组成。首页总图中主体内容的划分如图7-15所示。

图 7-15　主体内容划分

根据结构图，在代码视图的<div id="main">与</div>之间，编写如下HTML代码：

```
<div id="main">
    <div id="left">
        <div id="search"></div>
        <div id="list"></div>
    </div>
    <div id="right">
        <div id="login"> </div>
        <div id="new_goods"></div>
```

```
            <div id="hot_goods"></div>
        </div>
        <div id="base">
            <div id="pay"></div>
            <div id="news"></div>
        </div>
</div>
```

结构代码定义好后,接下来设定各个模块CSS样式的布局。新建样式表文件"main.css",将其保存到"D:\phoneshop\css"中,并在"index.html"文档的代码视图的<head>与</head>之间添加如下代码:

```
<link href="css/main.css" rel="stylesheet" type="text/css" />
```

以下有关网页主体部分所有样式定义都保存在"main.css"文件中。

a. 主体内容最外层的div样式定义。

首先定义#main的样式,CSS代码如下:

```
#main{
    width: 950px;
    height: 855px;
    background-color:#FFFFFF;
    text-align: left;
    vertical-align: top;
    margin-left: auto;
    margin-right: auto;
}
```

#main中又包含左、右、底部三部分,分别命名为#left、#right、#base,具体CSS代码如下:

```
#left{
    width:230px;
    height:740px;
    margin-left:2px;
    margin-right:3px;
    float:left;
}
#right{
    width:710px;
    height:740px;
    float:right;
    margin-right:4px;
}
#base{
    height: 100px;
```

```
    width: 950px;
    vertical-align: top;
clear: left;
}
```

b. 主体左边内容样式定义。

主体左边#left由商品搜索栏#search、商品列表导航#list组成。

#search样式定义，其CSS代码如下：

```
#search{
    background-color: #F5F5F3;
    height: 70px;
    width: 236px;
    margin-bottom: 3px;
}
```

商品搜索栏#search中包含查询商品、搜索栏文本框、搜索按钮三部分信息，所以先在<div id="search">与</div>之间插入如下HTML代码：

```
<div id="search">
    <h1>查询商品</h1>
      <div class="search_blank">
            <form id="form1" name= "form1" method="post" action="">
                <label>
                    <input type="text" name= "textfield" id="textfield" />
                    <button class="search_button">搜索</button>
                </label>
            </form>
       </div>
</div>
```

然后定义h1、".search_blank"、".search_button"的样式，其CSS代码如下：

```
h1{
    height: 20px;
    width: 236px;
    font-family: "黑体";
    font-size: 14px;
    color: #333333;
    font-weight: bold;
    text-align: left;
    text-indent: 12px;
    vertical-align: middle;
    padding-top: 10px;
}
.search_blank{
```

```
        height: 20px;
        width: 236px;
        padding-left: 10px;
        margin-top:-5px;
        vertical-align: bottom;
}
.search_button {
        font-family: "宋体";
        font-size: 12px;
        color: #FFEFFF;
        backg round-color: #9C1416;
        border: 2px solid #841615;
        height: 25px;
        width: 50px;
}
```

#list样式定义，其CSS代码如下：

```
#list{
    height: 665px;
    width: 236px;
    background-color: #F5F5F3;
}
```

#list中包含各种手机品牌的目录，其HTML代码如下：

```
<div id="list">
    <h2>手机品牌目录</h2>
    <div id="list_ show">
        <ul>
            <li><a href="#" target-"_blank">华为(HUAWEI)</a></li>
            <li><a href="#" target="_blank">荣耀(HONOR)</a></li>
            <li><a href="#" target="_blank">OPPO</a></li>
            <li><a href="#" target="_blank">苹果(IPhone)</a></li>
            <li><a href="#" target="_blank">VIVO</a></li>
            <li><a href="#" target="_blank">三星(SAMSUNG)</a></li>
            <li><a href="#" target="_blank">MEIZU</a></li>
            <li><a href="#" target="_blank">PHILIPS</a></li>
            <li><a href="#" target="_blank">NUBIA</a></li>
            <li><a href="#" target="_blank">诺基亚(NOKIA)</a></li>
              <li><a href="#" target="_blank">小米(MI)</a></li>
        </ul>
    </div>
</div>
```

"商品列表"块的CSS代码如下：

```css
h2 {
    width: 236px;
    height: 20px;
    font-family: "黑体";
    font-size: 14px;
    font-weight: bold;
    color: #333333;
    text-align: left;
    text-indent: 12px;  /*首行缩进 12像素*/
    vertical-align: middle;
    padding-top: 15px;
}
#list_show {
    text-align: left;
    margin-left:5px;
    margin-top: 10px;
}
#list_show ul {
    font-size:13px;
    color:#505990;
    list-style-type:none;
    padding-top: 3px;
    padding-right: 5px;
    padding-bottom: 4px;
    line-height: 25px;
    margin: 0px;
    vertical-align: top;
    font-weight: bold;
}
#list_show li {
    font-size:13px;
    color: #505990;
    padding-left:23px;
    /* 设置图标与文字的间隔 */
    background-image: url(../images/red.png);
    background-position: 4px;
    background-repeat: no-repeat;
}
#list_show a:link #list_show a:visited{
    font-size: 12px;
    color: #505990;
    text-decoration: none;
```

```css
}
#list_show a:hover {
    font-size:12px;
    color : #AA0000;
    text-decoration:underline;
}
```

c. 主体右边商品展示内容样式定义。

主体右边由登录提示#login、最新商品#new_ goods、热门商品#hot_ goods组成。

登录提示#login样式定义，其CSS代码如下：

```css
#login{
    height: 25px;
    width: 710px;
    font-size: 14px;
    text-align: left;
    text-indent: 20px;
    vertical-align: middle;
    padding-top: 20px;
}
```

然后在<div class="login">与</div>之间插入相关网站注册、登录信息的代码，代码如下：

```html
<div id="login">
    欢迎访问，请<a href="#">登录</a>或者<a href="#">注册</a>
</div>
```

最新商品#new_goods样式定义。在线购物网站的首页中最重要的就是展示最新商品，商品的信息一般包括图标、商品说明、价格等。本案例设计每行陈列四个商品，共两行，共需八个商品，在下面的代码示例中只添加两个商品，其他类似。在主体右边添加最新商品内容的HTML代码如下：

```html
<div id="new_goods">
    <div class="new_goods_title">
        <img src="images/blue.png" width="32" height="32" align="absmiddle"/>最新热门手机
    </div>
    <div class="new_goods_main">
    <!--商品列表开始-->
    <div id="goods">
        <div class="goods_ pic">
        <a href="pages/goods.html">
            <img src="images/goods1.jpeg" alt="iPod touch 2代8G" border="0" />
            </a>
        </div>
        <div class="goods_intro">
```

```html
            <a href="#" class="goods_ intro">samsung三星galaxy</a>
        </div>
    <div class="goods_price">
            <span class="goods_price_we">￥1,748.00</span>
        <span class="goods_price_other"> ￥1, 998.00</span>
    </div>
    <div class="goods_buy">
            <a href="#"><img src="images/buy.jpg" alt="购买"/></a>
        <a href="#"><img src= "images/collect.jpg" alt="收藏" /></a>
        <a href="#"><img src="images/compare.jpg" alt="对比"/></a>
        </div>
</div>
<div id="goods">
    <div class="goods_ pic">
        <a href="pages/goods.html">
        <img src="images/goods2.jpeg" alt="iPod touch 2代8G" border="0" />
            </a>
        </div>
    <div class="goods_intro">
        <a href="#" class="goods_ intro">opporeno6pro5g手机8128gb</a>
        </div>
    <div class="goods_price">
            <span class="goods_price_we">￥1,948.00</span>
        <span class="goods_price_other"> ￥2, 198.00</span>
    </div>
    <div class="goods_buy">
            <a href="#"><img src="images/buy.jpg" alt="购买"/></a>
        <a href="#"><img src= "images/collect.jpg" alt="收藏" /></a>
        <a href="#"><img src="images/compare.jpg" alt="对比"/></a>
            </div>
        </div>
    </div>
</div>
```

从最新商品的结构代码可知其div的嵌套结构如图7-16所示。

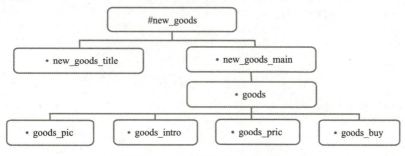

图 7-16 最新商品 div 嵌套结构

最外层的#new_ goods用来定义展示所有最新商品容器的大小，".new_ goods_ title"用来定义标题的大小及其样式，".new_ goods_ main"用来定义存放两行四列的商品容器的大小，#goods用来定义存放每一个商品容器的大小（注意浮动），其他定义的是商品信息显示的样式。具体CSS代码如下：

```css
#new_goods {
    width: 710px;
    height:452px;
    margin-left: 5px;
}
.new_goods_title{
    background-color: #D9D9D9;
    height: 20px;
    width: 707px;
    font-family: "宋体";
    font-size: 13px;
    font-weight: bold;
    color: #333333;
    text-align: left;
    text-indent: 12px;
    vertical-align: middle;
    padding-top: 5px;
}
.new_goods_main{
    width:707px;
    height: 432px;
    padding-left: 7px; .
    text-align: center;
    vertical-align: top;
}
#goods{
    width:170px;
    height:210px;
    float:left;
    margin-right :5px;
    margin-bottom:5px;
    background-color:#FFFFFF;
}
.goods_pic{
    width: 170px;
    margin-top:5px;
    vertical-align: top;
}
.goods_intro{
    width: 170px;
```

```css
    height: 50px;
    font-size: 12px;
    line-height: 18px;
    color:#365D86;
    text-align:left;
}
a.goods_intro:link{
    font-size: 12px;
    text-decoration: none;
    color: #326084;
}
a.goods_intro:visited{
    font-size: 12px;
    color: #0099FF;
    text-decoration: none;
}
a.goods_intro:hover{
    font-size: 12px;
    color: #A17B17;
    text-decoration: underline;
}
.goods_price{
    width:170px;
    height :20px;
    padding-top:10px;
    text-align:center;
}
.goods_price_we{
    font-family: Geneva,Arial,Helvetica,sans-serif;
    font-size: 17px;
    font-weight: bold;
    color: #AA0000;
    margin-right:10px;
}
.goods_price_other{
    font-size: 12px;
    color: #999999;
    text-decoration: line-through;
}
.goods_buy{
    width:170px;
    padding-top: 5px;
    vertical-align: text-top;
}
```

效果如图7-17所示。

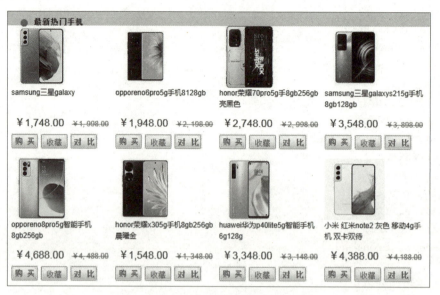

图 7-17　手机显示效果

热门商品#hot_ goods 样式定义。在线购物网站的首页中展示的另外一个重要内容就是热门商品，热门商品的信息和最新商品的信息是一样的，区别在于数量不同。本案例中热门商品用一行展示，故只需展示四个商品，结构代码和样式代码与最新商品基本相同。在主体右边添加热门商品的HTML代码如下：

```
<div id="hot_goods">
<div class="hot_goods_title">
    <img src="images/blue.png" width="32" height="32" align="absmiddle"/>最热销手机
    </div>
  <div class="hot_goods_main">
    <div id="goods">
        <div class="goods_ pic">
        <a href="pages/goods.html">
            <img src="images/goods12.jpeg" alt="iPod touch 2代8G" border="0" />
                </a>
            </div>
        <div class="goods_intro">
            <a title="mi小米x45g手机12512gb" target="_blank" href="http://www.smzdm.com/p/58233398">mi小米x45g手机12512gb</a><a href="#" class="goods_intro"></a>
</div>
        <div class="goods_price">
            <span class="goods_price_we">¥2,358.00</span>
        <span class="goods_price_other">¥2, 158.00</span>
```

```
                </div>
                <div class="goods_buy">
                        <a href="#"><img src="images/buy.jpg" alt="购买"/></a>
                    <a href="#"><img src= "images/collect.jpg" alt="收藏" /></a>
                    <a href="#"><img src="images/compare.jpg" alt="对比"/></a>
                </div>
        </div>
    </div>
</div>
```

"热门商品"块的CSS代码如下:

```
#hot_goods{
    width:710px;
    height:227px;
    margin-left:5px;
}
.hot_goods_title{
    background-color:#D9D9D9;
    height:20px;
    width:707px;
    font-family:"宋体";
    font-size:13px;
    font-weight:bold;
    color:#333333;
    text-align:left;
    text-indent:12px;
    vertical-align:middle;
    padding-top:5px;
}
.hot_goods_main{
    width:707px;
    height:207px;
    padding-left:7px;
    text-align:center;
    vertical-align:top;
}
```

热门商品和最新商品除商品个数不一样以外,其他都一样,所以样式定义中除了#hot_ goods、".hot_ goods_ main"的高度不一样以外,其他都一样。效果如图7-18所示。

图7-18 热门手机显示效果

d. 对主体底部内容进行样式定义。

商业类的网站中一般都包含新闻公告和支付方式，将这部分设计在网站主页的主体底部。网页主页主体底部的HTML代码如下：

```html
<div id="base">
    <div id="pay">
    <div class="pay_title"><img src="images/zf.png" align="absmiddle"/>支付方式</div>
        <div class="pay_main">
            <a href="#"><img src="images/zfb.jpg" alt="支付宝支付" width="56" height="75"/></a>
            <a href="#"><img src="images/wx.jpg" alt="微信支付" width="62" height="75" /></a>
            <a href="#"><img src="images/ylzf.jpeg" alt="银联支付" width="109" height="75"/></a>
        </div>
    </div>
    <div id="news">
        <div class="news_title"><img src="images/xw.png" align="absmiddle"/>滚动新闻</div>
    <div class="news_main">
        <marquee onmouseover=this.stop() onmouseout=this.start() scrollamount=1 scrolldelay=7 direction=up width=707 height=70>
            <div id="index_highway_news_list">
                <ul>
                    <li><a href="#" target="_blank">降价通知[2022-6-20]</a></li>
                    <li><a href="#" target="_blank">单击消费，注册有大礼[2022-6-20]</a></li>
                    <li><a href="#" target="_blank">华中华南配送延迟通知[2022-6-20]</a></li>
                </ul>
            </div>
        </marquee>
    </div>
    </div>
</div>
```

主体底部样式定义的CSS代码如下：

```css
#pay{
    height: 80px;
    width:235px;
    float:left;
    margin-left:2px;
    margin-right: 3px;
}
.pay_title{
    background-color: #D9D9D9;
    height: 20px;
    width: 235px;
    font-family: "宋体";
    font-size: 13px;
    font-weight: bold;
    color: #333333;
    text-align: left;
    text-indent: 12px;
    vertical-align: middle;
    padding-top: 5px;
}
.pay_ main{
    height: 70px;
    width:235px;
    text-align: center;
    vertical-align: top;
    padding-top: 20px;
}
#news{
    height:100px;
    width:707px;
    margin-left:260px;
    *margin-left:0px;
}
.news_title{
    background-color: #D9D9D9;
    height: 20px;
    width: 707px;
    font-family: "宋体";
    font-size: 13px;
    font-weight: bold;
    color: #333333;
```

```
            text-indent: 12px;
            vertical-align: middle;
            padding-top: 5px;
            margin-left:260px;
            *margin-left: 0px;
}
.news_main{
            width: 707px;
            height: 80px;
            text-align: left;
            text-indent: 15px;
            margin-left: 260px;
            *margin-left: 0px;
}
```

效果如图7-19所示。

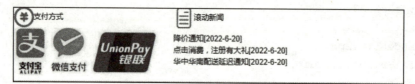

图 7-19　主体底部显示效果

（4）制作页面底部

网站的页面底部内容主要是版权信息，设计相对比较简单，HTML代码如下：

```
<div id="footer">
    <p>使用条件|隐私声明Copyright©2015 - 2022　手机shop AllRights Reserved</p>
</div>
```

将表达页面底部样式的样式文件保存在名为footer.css的样式表文件中。新建样式表文件footer.css，将其保存到D:\phoneshop\css中，并在index.html文档的代码视图的<head>与</head >之间添加代码：

```
<link href="css/footer.css" rel="stylesheet" type="text/css" />
```

页面底部的CSS样式定义如下：

```
#footer {
font-size: 12px;
color: #333333;
background-color: #D9D9D9;
text-align: center;
vertical-align: middle;
height: 30px;
width: 950px;
```

```
padding-top: 10px;
padding- bottom:10px;
margin:0 auto;
}
```

效果如图7-20所示。

图 7-20　页面底部显示效果

完成底部页面后,整个主页的设计就完成了,保存文件,在浏览器中的预览效果参见图7-2。

(5)制作二级页面

①二级页面效果分析。

网站的二级页面即商品页,主要介绍某一种商品的详细信息。二级页面的主体风格设计与主页应该一致,手机网站二级页面如图7-21所示。

扫一扫

手机网站二级
页面制作

图 7-21　二级页面显示效果

②二级页面的制作及样式定义。

从图7-21所示的二级页面效果可以看出二级页面的顶部、主体左边、主体底部、页面底部和主页一致,对二级页面的设计只需更改主体右边即可。

a.二级页面结构HTML代码设计。

新建二级页面文件"goods.html",并把它保存到"D:\phoneshop\pages"中,然后将网站首页"index.html"的HTML代码复制到"goods.html"中,接下来修改二级页面主体的右边结构,主体右边结构的HTML代码如下:

```html
        <div id="right">
        <div id="login">
            欢迎访问，请<a href="#">登录</a>或者<a href="#">注册</a>
        </div>
        <div id="new_goods">
            <div class="new_goods_title">
                <img src="../images/blue.png" width="32" height="32" align="absmiddle"/>详细商品信息
            </div>
            <div class="the_goods">
                <h1>华为荣耀x106gb128</h1>
                <span>
                    <i><img src="../images/new_goods1.jpg" /></i>
                    <em>
                        <p>市场价：<small>¥1,998.00</small></p>
                        <p>phoneshop价：<big>¥1,798.00</big>为您节省：200.00元</p>
                        <p><u><a href="#"><img src="../images/buy.jpg" alt="购买"/></a></u><u><a href="#"><img src= "../images/collect.jpg" alt="收藏" /></a></u><u><a href="#"><img src="../images/compare.jpg" alt="对比"/></a></u></p>
                    </em>
                </span>
                <span>
                    <h2>产品描述</h2>
                    <p> 商品名称：荣耀x106gb128商品编号：100029707258商品毛重：350.00g商品产地：中国大陆CPU型号：麒麟700系列运行内存：8GB机身颜色：银月星辉三防标准：不支持防水屏幕分辨率：FHD+充电功率：50-79W机身内存：128GB风格：科技，时尚，简约屏幕材质：OLED直屏后摄主像素：6400万像素机身色系：混合色系</p>
                </span>
                <span>
                    <h2>phoneshop品质承诺</h2>
                    <p>phoneshop向您保证所售商品为正品行货，并可提供正规发票，与您亲临地面商场选购的商品享有同样的品质保证;对有厂家保修单的商品按保修单的承诺执行，其他商品按国家有关规定执行。phoneshop还为您提供具有竞争力的商品价格和配送费优惠，请您放心购买!</p>
                </span>
            </div>
        </div>
</div>
```

b.二级页面样式定义。

二级页面头部和底部的样式可以直接引用首页头部和底部的样式文件"header.css"和"footer.css"。但二级页面主体部分的样式需重新设计，将二级页面主体内容样式的样式文件保存在名为"goods.css"的样式表文件之中。二级页面样式的设计跟结构设计一样，只需修改主体右边的样式即可。在二级页面"goods.html"的<head></head>部分加入样式的引用代码，代码如下：

```html
<link href=". ./css/header .css" rel="stylesheet" type="text/css" />
<link href="../css/goods.css" rel="stylesheet" type="text/css" />
<link href=". . /css/footer.css" rel="stylesheet" type= "text/css" />
```

将网站主页主体部分样式文件"main.css"的样式代码复制到"goods.css"中，然后对照结构代码修改页面主体的样式，主体左边和主体右边的大框架不变，主体右边新增的样式定义CSS代码如下：

```css
.the_goods{
    width: 707px;
    height: auto;
    overflow: auto;
}
.the_goods h1 {
    font-size: 16px;
    font-family:"黑体";
    text-indent: 20px;
    width: 707px;
    height: 20px;
    padding-top: 10px;
}
.the_goods span{
    width: 667px;
    height:150px;
    display:block;
    padding: 10px;
    margin-left: 10px;
    border-bottom-width: 1px;
    border-bottom-style: dashed;
    border-bottom-color: #CCCCCC;
    line-height:25px;
    text-indent:20px;
}
.the_goods i{
    width: 257px;
    display: block;
    float: left;
    height: 150px;
    margin-left:50px;
    font-style :normal;
}
.the_goods em{
    width: 320px;
```

```css
        display: block;
        float: right;
        height: 150px;
        font-style : normal;
}
.the_goods p{
        font-size: 12px;
        margin-top:10px;
        line-height:25px;
        text-indent:20px;
}
.the_goods small {
        font-size: 12px;
        color: #999999;
        text-decoration: line-through;
}
.the_goods big{
        font-size: 16px;
        font-weight:bolder;
        color: #AA0000 ;
        margin: 0px 3px 0px 3px;
}
.the_goods u{
        margin: 0px 5px 0px 5px;
}
.the_goods h2{
        font-size: 14px;
        font-family:"宋体";
        color: #CC6600;
        margin-top:-10px;
        margin-bottom:8px;
        height:20px;
}
```

到此，二级页面设计也完成了，保存文件，在浏览器中的预览效果参见图7-21。

●●●● 项目总结 ●●●●

在本项目中，完成了一个网店类商业网站的首页和二级页面的网站结构的构建、页面的划分和组织、用CSS进行样式控制的全过程。通过本项目的学习，读者应该完全可以根据自己的创意，制作出与众不同的网站作品。